水素からウランまでの元素の

元素記号	英語名		
N	nitrogen		
Na	sodium		
Nb	niobium	ニオブ	92.90638
Nd	neodymiun	ネオジム	144.242
Ne	neon	ネオン	20.1797
Ni	nickel	ニッケル	58.6934
O	oxygen	酸素	15.9994
Os	osmium	オスミウム	190.23
P	phosphorus	リン	30.973762
Pa*	protactinium	プロトアクチニウム	231.03588
Pb	lead	鉛	207.2
Pd	palladium	パラジウム	106.42
Pm*	promethium	プロメチウム	
Po*	polonium	ポロニウム	
Pr	praseodymium	プラセオジム	140.90765
Pt	platinum	白金	195.084
Ra*	radium	ラジウム	
Rb	rubidium	ルビジウム	85.4678
Re	rhenium	レニウム	186.207
Rh	rhodium	ロジウム	102.90550
Rn*	radon	ラドン	
Ru	ruthenium	ルテニウム	101.07
S	sulfur	硫黄	32.065
Sb	antimony	アンチモン	121.760
Sc	scandium	スカンジウム	44.955912
Se	selenium	セレン	78.96
Si	silicon	ケイ素	28.0855
Sm	samarium	サマリウム	150.36
Sn	tin	スズ	118.710
Sr	strontium	ストロンチウム	87.62
Ta	tantalum	タンタル	180.94788
Tb	terbium	テルビウム	158.92535
Tc*	technetium	テクネチウム	
Te	tellurium	テルル	127.60
Th*	thorium	トリウム	232.03806
Ti	titanium	チタン	47.867
Tl	thallium	タリウム	204.3833
Tm	thulium	ツリウム	168.93421
U*	uranium	ウラン	238.02891
V	vanadium	バナジウム	50.9415
W	tungsten	タングステン	183.84
Xe	xenon	キセノン	131.293
Y	yttrium	イットリウム	88.90585
Yb	ytterbium	イッテルビウム	173.054
Zn	zinc	亜鉛	65.38
Zr	zirconium	ジルコニウム	91.224

基礎無機化学

東京工業大学名誉教授
理学博士
一 國 雅 巳 著

（改訂版）

東京 裳 華 房 発行

FUNDAMENTALS OF INORGANIC CHEMISTRY

Revised edition

by

MASAMI ICHIKUNI, DR. SCI.

SHOKABO
TOKYO

まえがき

　本書の初版は裳華房の「化学新シリーズ」中の一冊であって，大学・高専において無機化学の基礎を学習するための教科書として書かれたものである．近年の無機化学の進歩には目を見張るものがある．それに伴って学習すべき項目の数も著しく増加した．それにもかかわらず無機化学の基礎の学習に割り当てられる時間数は従来のままである．このために教科書には項目の取捨選択と学習の効率化を意図した構成が求められている．

　初版が刊行されてからすでに 12 年が経過した．その間，データの改訂などの小修正は行ったが，全体として大きく手を加えたことはなかった．今回の改訂版の刊行を機に本書を「化学新シリーズ」から外すとともに細部にわたって再検討を行った．

　本書が教科書としてばかりでなく自習書としても利用されていることを考慮し，読者の理解を助けるためにこれまでの記述が簡単すぎると思われる個所に説明を追加した．そのために新しい節を挿入した章もある．ただし全体の構成においては初版の特徴を生かすよう心掛けた．

　学習効果を高めるために演習問題の見直しを行い，新しい問題を補充した．またコラムにおいても最近の話題を取り上げるようにした．改訂版から 2 色刷りを採用し，各頁にアクセントを付けるとともに項目の検索を容易にした．このように書き換えた個所は多数あるものの，講義時間の制約に配慮して全体の頁数は初版の頁数を維持するように努めた．

　本書が目標としていることは読者に化学の基礎データを使いこなす能力を与えることである．この種のデータを活用することによって単体から化合物にわたる多数の無機物質の性質を理解する，あるいは予測することが可能となる．

　物質の性質は大まかには物性（融点，沸点，密度など）と反応性によって代表される．これらの性質を推定するにはどのようなデータを利用すればよい

か．著者の考えでは，それは物質を構成する原子と原子の結合距離である．たとえば，金属結晶の融点と硬さ，イオン結晶の融点と溶解性は結合距離と関係付けることができる．結合距離を与えるデータは金属結晶では金属結合半径，イオン結晶ではイオン半径である．結合距離が短いほど，融点，密度は高くなる．化学反応は多くの場合，化学結合の切断を伴う．結合距離が長いほど結合は弱くなり，従って切れやすくなる．これは反応が起こりやすくなること，すなわち，反応性が大きくなることを意味する．

　例をあげよう．金属ナトリウムは水と激しく反応するのに対し，金属リチウムはおだやかにしか反応しない．反応性はナトリウムよりもリチウムの方が小さいことになる．これはNa－Na結合よりもLi－Li結合のほうが短いことで説明できる．このように金属結合半径のデータが与えられれば，金属単体の反応性の差は容易に理解できる．またイオン結晶の性質がイオン半径から説明できる例については本書の第6章を参照されたい．

　金属結合半径，イオン半径のデータを活用することで，読者は個々の無機物質の性質を機械的に暗記させられるという負担から解放されるばかりでなく，多くの無機物質の性質の間にはある種の規則性が存在することに気付くであろう．著者は本書を通じて読者が無機物質の化学に興味をもたれることを強く願っている．

　初版の刊行にあたっては群馬大学名誉教授 右田俊彦 先生（化学新シリーズ編集委員長），元裳華房編集部 坂倉正昭 氏，亀井祐樹 氏にお世話になった．また，改訂版の完成は裳華房編集部 小島敏照 氏，山口由夏 氏の尽力に負うところが大きい．以上の方々に深甚の謝意を表する．

2008年10月15日

一國 雅巳

目　　次

第1章　原　　子

1.1　原子核 …………………………… 1
1.2　元素 ……………………………… 2
1.3　同位体 …………………………… 3
　1.3.1　同位体の定義 ………………… 3
　1.3.2　安定同位体 …………………… 3
　1.3.3　放射性同位体 ………………… 5
　1.3.4　崩壊に伴って放出される粒子
　　　　 ……………………………… 6
1.4　原子量 …………………………… 9
1.5　元素の存在度 …………………… 10
演習問題 ……………………………… 13

第2章　核外電子

2.1　水素の発光スペクトル ………… 15
2.2　ボーアの原子モデル …………… 16
2.3　電子回折 ………………………… 18
2.4　光電子放射 ……………………… 19
2.5　波動方程式 ……………………… 20
2.6　水素原子に対する波動方程式の解
　　　 ………………………………… 21
2.7　2個以上の電子をもつ原子 …… 25
2.8　電子のスピン …………………… 27
2.9　原子の電子配置 ………………… 28
2.10　元素の周期律 ………………… 33
2.11　金属の性質 …………………… 36
演習問題 ……………………………… 40

第3章　イオン結合

3.1　イオンの生成 …………………… 42
3.2　イオン化エネルギー …………… 43
3.3　電子親和力 ……………………… 47
3.4　単原子イオンの電子配置 ……… 49
3.5　イオン半径 ……………………… 52
3.6　ハロゲン化アルカリの結晶構造
　　　 ………………………………… 55
3.7　格子エネルギー ………………… 57
3.8　電気陰性度 ……………………… 59
演習問題 ……………………………… 62

第4章　共有結合

4.1　古典的結合論 …………………… 64
4.2　二水素イオンの存在 …………… 67

4.3 分子軌道のエネルギー準位 …… 71
    4.3.1 等核二原子分子 ………… 71
    4.3.2 異核二原子分子 ………… 75
4.4 混成軌道 ……………………… 76
4.5 分子の形 ……………………… 79

    4.5.1 非共有電子対の効果 …… 79
    4.5.2 非局在化 ………………… 82
    4.5.3 錯体の例 ………………… 83
演習問題 …………………………… 85

第5章 錯　体

5.1 錯体の定義 …………………… 87
5.2 水和物 ………………………… 89
5.3 d軌道の分裂 ………………… 91
5.4 高スピン錯体と低スピン錯体 … 95
5.5 分子軌道法の導入 …………… 97
    5.5.1 結晶場理論の問題点 …… 97
    5.5.2 配位子場理論 …………… 98

    5.5.3 シアノ錯体のπ結合 …… 100
5.6 立体化学 ……………………… 100
    5.6.1 八面体錯体にみられるひずみ
                                   ………… 100
    5.6.2 幾何異性 ………………… 103
    5.6.3 光学異性 ………………… 104
演習問題 …………………………… 106

第6章 溶液中の反応

6.1 水溶液の性質 ………………… 107
    6.1.1 イオン反応 ……………… 107
    6.1.2 水和エネルギー ………… 108
    6.1.3 溶解度にみられる規則性 … 110
6.2 酸と塩基 ……………………… 116
    6.2.1 酸と塩基の定義 ………… 116
    6.2.2 酸, 塩基の強さ ………… 119
6.3 酸化と還元 …………………… 126
    6.3.1 酸化還元の定義 ………… 126

    6.3.2 酸化還元における電子の交換
                                   ………… 128
    6.3.3 酸化剤, 還元剤の強さ …… 129
    6.3.4 不均化 …………………… 134
6.4 配位子置換 …………………… 136
    6.4.1 生成定数 ………………… 136
    6.4.2 配位子置換反応の速度 …… 141
演習問題 …………………………… 145

さらに勉強したい人たちのために …………………………………………… 146
問題解答 ……………………………………………………………………… 148
索　　引 ……………………………………………………………………… 154

第1章 原子

　物質は原子の集合体である．物質を構成する原子にはいろいろな種類があり，これらの組合せと原子と原子の結合の仕方によって物質の多様性が生じる．化学的に区別される原子の種類を元素というが，このような種類の違いは原子の構成要素のどのような差違に由来するのであろうか．さらに地球上に見いだされる元素でも，大量に存在する元素もあれば，痕跡量しか存在しない元素もある．存在量にこのような差が生じた原因はどこにあるのであろうか．

1.1 原子核

　原子（atom）は**原子核**（atomic nucleus）とそれを取りまく**電子**（electron）から成り立っている．原子核は核と略称されることが多い．核は正電荷，電子は負電荷をもつので，核と電子はたがいにクーロン力で引き合っている．このため電子は核によって拘束された状態にあり，この拘束に打ち勝つだけのエネルギーを外部から与えない限り，電子が原子を離れて飛び出していくことはない．

　核を構成している主要な粒子は**陽子**（proton）と**中性子**（neutron）である．陽子は正の**電気素量**（elementary charge）をもっている．中性子は電気的に中性である．陽子と中性子の質量はほぼ等しい．電気素量は記号 e で表され，その絶対値は 1.602×10^{-19} C（C＝Coulomb）である．

　電子は負の電気素量をもち，その質量は陽子あるいは中性子のおよそ 1/1800 である．このため，原子の質量のほとんどは核に集中している．

表1.1 原子を構成する粒子

名称	記号	質量/kg
電子	e	9.109×10^{-31}
陽子	p	1.673×10^{-27}
中性子	n	1.675×10^{-27}

電気的に中性である原子では，核のもつ陽子の数と電子の数が等しい．原子から電子を取り去ると**陽イオン**（cation），電子を付け加えると**陰イオン**（anion）ができる．

核だけに注目すると，陽子の数と中性子の数の組合せにはいろいろなものがある．いま，核の中の陽子が6個である原子を調べてみると，天然には中性子を6，7および8個もつ原子が存在する．この例では中性子が何個であろうとこの原子は炭素としての性質をもつことが確かめられた．このことから原子の化学的性質を決めているのは核の中の陽子数であることがわかる．

1.2 元 素

原子を陽子数によって区別し，陽子数の異なる原子を1つの独立した物質種とみなしたとき，これらを**元素**（element）という．元素とは同じ陽子数をもった原子の集団を指す語である．その意味では名前のようなものである．実際，元素にはそれぞれ固有名が付けられている．

単体（simple substance）という語がある．単体は同じ元素の原子の集合体のことである．なお，同じ元素の単体には，原子の配列が異なるために異なった性質をもつ物質が存在することがある．これらの物質をたがいに**同素体**（allotrope）であるという．酸素とオゾン，ダイヤモンドと黒鉛がその例である．

単体と元素を混同してはならない．単体の名称と元素名が同じであるためにしばしば混乱が起こる．ただし元素の性質というとき，これが単体の性質によって代表されることも事実である．

たとえば，酸素というとき，それは陽子数が8個である原子が代表する元素の名称であると同時に，その原子の集合体の名称でもある．グルコースは水素，炭素，酸素からなるというが，これらの名称は元素の種類を示している．これに対して，空気は窒素，酸素，アルゴンの混合物であるというときは，これらは具体的な物質，すなわち，単体を表している．

核の中の陽子数のことを**原子番号**（atomic number）という．原子番号は記

号 Z で表される．元素の固有名の代わりに，x 番元素というように原子番号でよぶこともある．

1.3 同位体

1.3.1 同位体の定義

炭素原子は核の中に6個の陽子をもつことで特徴付けられる．核には陽子の他に中性子が含まれている．核の中の中性子数まで考慮した分類は，元素よりも1つ下の段階の分類に相当する．このように中性子数まで区別したものが**同位体** (isotope) である．従って，同位体を同位元素というのは誤りである．化学では陽子数と中性子数の和を**質量数** (mass number) といい，中性子数の代わりに質量数を用いることが多い．

一般的には，原子番号が同じで，質量数が異なる原子をたがいに**同位体**とよんでいる．しかし，これではある元素の原子の取り得る質量数が1種類しかないとき，この原子は同位体をもたないことになる．これに対して，核の陽子数と中性子数で規定される原子を独立した種とみなしたときに**核種** (nuclear species) という名称が使用される．この語は内容的には同位体と同義である．現在では，核種というべきところを同位体ということもある．そのため，フッ素のように原子が ^{19}F 1種類しか存在しないときでも，これを同位体とよぶ．

同位体を表すには，元素名の後に質量数を付けて，炭素12，酸素16のように書く．元素記号を使うときは質量数を元素記号の左肩に書く．上の例では ^{12}C，^{16}O となる．水素の同位体に限り，固有名があり，^{1}H は**プロチウム** (protium)，^{2}H は**ジュウテリウム** (deuterium)，^{3}H は**トリチウム** (tritium) という．

1.3.2 安定同位体

天然には多数の同位体が存在する．これらのほとんどは時間が経過しても核の組成は変化しない．このような同位体を**安定同位体** (stable isotope) とい

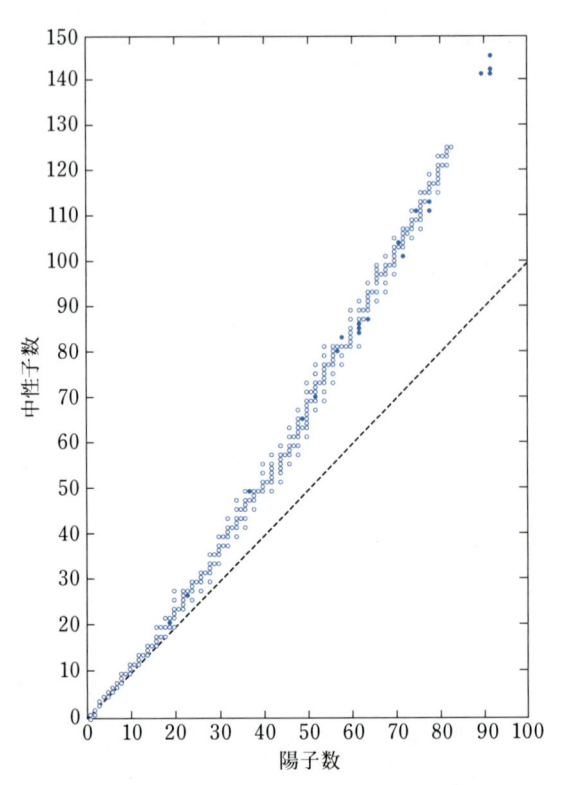

図1.1 天然に存在する同位体にみられる陽子数と中性子数の関係. ○は安定同位体, ●は放射性同位体を示す.

う. 現在知られている安定同位体は256種である. 人工的につくられた安定同位体は存在しない.

　天然に産出する同位体の陽子数と中性子数を調べてみると, 与えられた陽子数に対して見いだされる中性子数の範囲は限られていることがわかる. 図1.1はこの関係を示したものである. 原子番号20番のカルシウムよりも原子番号が小さい元素では, 中性子数は陽子数にほぼ等しい. 原子番号が20番以上の元素では, 陽子数と中性子数の比は原子番号の増加とともに1:1から次第に増大し, 90番元素のトリウムでは1:1.6にも達する.

　安定同位体のもつ陽子数と中性子数を偶数と奇数に分けてその組合せの数を

調べた結果が**表1.2**である．陽子数，中性子数の少なくとも一方が偶数である組合せが大部分を占めることが注目される．奇数-奇数の組合せは，^{2}H，^{6}Li，^{10}B，^{14}N の 4 種類だけである．

表1.2 安定同位体の数

陽子数	中性子数	同位体の数
偶数	偶数	152
偶数	奇数	51
奇数	偶数	49
奇数	奇数	4

元素によって安定同位体の数は異なる．一般に奇数番元素では安定同位体数は少なく，偶数番元素では多い．同位体が最も多い元素はスズ（$Z = 50$）で，10 種類の安定同位体をもっている．元素ごとの同位体の構成は原子数の比で与えられ，通常は％で表示される．同位体の原子数の比のことを**同位体存在比**または同位体存在度（isotopic abundance）という．元素によっては天然の同位体存在比に変動がみられる．

1.3.3 放射性同位体

核の組成が時間とともに変化する同位体を**放射性同位体**（radioisotope）という．組成の変化は核から陰電子（電子），陽電子，陽子，α 粒子（^{4}He の原子核）などが放出されることによって起こる．粒子とともにエネルギーが γ 線として放出されることもある．このような粒子，あるいはエネルギーの放出を**崩壊**（decay）という．これを放射性崩壊あるいは壊変ということもある．崩壊によって同位体は別の同位体に変わる．生成した同位体が安定同位体であれば，それ以上変化することはない．

崩壊は一次反応で表すことができる．いま原子数が N 個の放射性同位体があったとする．これが時間 dt の間に dN 個だけ崩壊したとすれば，次の関係が成立する．

$$-\frac{dN}{dt} = \lambda N \tag{1.1}$$

ここで λ を**崩壊定数**（decay constant）という．λ は問題にしている放射性同位体に固有の定数であって，圧力，温度あるいはその同位体の化学的状態には影響されない．λ が大きいほど，同位体は速く崩壊する．式 (1.1) を積分

し，時間 $t = 0$ のときの N を N_0 とすれば，

$$N = N_0 \exp(-\lambda t) \tag{1.2}$$

放射性同位体の原子数が最初にあった数 N_0 の半分まで減るのに要する時間を**半減期**（half-life）という．半減期と崩壊定数との関係は式 (1.2) で $N = N_0/2$ と置くことによって求めることができる．半減期を $\tau_{1/2}$ で表せば，

$$\tau_{1/2} = \frac{\ln 2}{\lambda} = \frac{0.693}{\lambda} \tag{1.3}$$

となる．

　太陽系を構成する元素が合成されたのは 47 億年前と推定されている．このときは安定同位体とともに放射性同位体も相当量生成したであろう．時間の経過とともに放射性同位体の大部分は崩壊して安定同位体に変わってしまっている．現在の地球上に存在する放射性同位体は，半減期がきわめて長いために生き残っている同位体か，あるいは高エネルギーの宇宙線と地球の高層大気中の気体分子との核反応でつくりだされている ^{3}H, ^{14}C のような比較的短寿命の同位体である．

　ウラン，トリウムなどの重い放射性同位体が崩壊するときには，崩壊によって生じた別の同位体がまた放射性であって，それがまた崩壊するといった段階的な崩壊がみられる．このように順次生成する放射性同位体の系列を**放射崩壊系列**（radioactive decay series）という．この種の系列に属する同位体のいくつかに半減期の短いものが含まれている．

　放射性同位体の崩壊を時計として使用していろいろな物質の年代を測定することができる．これを**年代測定**（dating）という．

1.3.4　崩壊に伴って放出される粒子

(1) 陽電子

　放射性同位体が崩壊するときに放出される粒子の種類は，その同位体の核に含まれる陽子数，中性子数と密接な関係がある．表 1.3 にフッ素同位体の例を示した．フッ素は奇数番元素（$Z = 9$）であって，その安定同位体は ^{19}F の一

表1.3 フッ素の同位体

同位体	半減期	崩壊形式または存在比
^{17}F	64.5 s	β^+
^{18}F	109.8 min	β^+
^{19}F		100 %
^{20}F	11.03 s	β^-
^{21}F	4.32 s	β^-
^{22}F	4.23 s	β^-

種類だけである．このとき^{19}Fの同位体存在比は100 %であるという．この同位体よりも質量数が小さいフッ素同位体は**陽電子**（positron）を放出して崩壊する．これをβ^+崩壊と書く．これによってこの同位体は原子番号がひとつ小さい酸素に変わるが，質量数は変化しない．形式的には陽子が1個減って，中性子が1個増えたことになる．β^+崩壊を起こす同位体は安定同位体と比べると陽子/中性子比が大きい．β^+崩壊はこの比を安定同位体の陽子/中性子比に近づける働きをしている．

(2) 陰電子

これに対して安定同位体よりも陽子/中性子比が小さい放射性同位体では**陰電子**（negatron）の放出が起こる．これをβ^-崩壊という．これによって中性子が陽子に変化し，陽子/中性子比が増大する．

別の例として偶数番元素のネオン（$Z=10$）を調べてみる．ネオンは**希ガス**（rare gas）の一種であって，乾燥した空気中には体積比で18.2 ppmのネオンが含まれている．希ガスは**不活性ガス**（inert gas）ともよばれる．

崩壊に伴って放出される粒子はフッ素の放射性同位体の場合と同様である．従って，崩壊は陽子/中性子比を安定同位体の陽子/中性子比に近づける変化と考えるとわかりやすい．

ネオンがフッ素と異なる点はこの元素が3種類の安定同位体 ^{20}Ne，^{21}Ne，^{22}Neをもっていることである．天然における同位体存在比は^{20}Ne＞^{22}Ne＞^{21}Neの順に減少している．このことは，元素の合成が起こったときに中性子を偶数

表 1.4　ネオンの同位体

同位体	半減期	崩壊形式または存在比
^{18}Ne	1.672 s	β^+
^{19}Ne	17.22 s	β^+
^{20}Ne		90.48 %
^{21}Ne		0.27 %
^{22}Ne		9.25 %
^{23}Ne	37.24 s	β^-
^{24}Ne	3.38 min	β^-

個含む同位体が生成しやすかったこと，すなわち，安定であったことを意味している．

これと同様な関係は放射性同位体にもみられる．^{23}Ne，^{24}Ne はどちらも β^- 崩壊を起こすが，偶数個の中性子をもつ ^{24}Ne が奇数個の中性子をもつ ^{23}Ne よりも半減期が長い．表1.2で陽子数，中性子数とも偶数であるものが安定同位体の過半数を占めていることは，元素合成の条件下でそのような組成をもった原子核が安定であったことを意味している．

(3) α 粒子

重い元素には以上述べたものとは異なる崩壊が認められる．原子番号が84番以上の元素は安定同位体をもたない．このことは重い原子核が本質的に不安定であることを示している．このような重い原子核が安定化するためには，重い粒子を放出するか，あるいは中程度の大きさをもった2〜3個の原子核に分裂することが必要である．後者は**核分裂** (nuclear fission) とよばれる．重い原子核は陽子に対して中性子が多いので，分裂に伴って数個の中性子が放出される．

重い原子核が放出する粒子は **α 粒子** (α-particle)，すなわち，ヘリウムの原子核 ^{4}He^{2+} である．α 粒子が放出される崩壊を α 崩壊という．α 粒子が放出されると原子核の中の陽子と中性子がそれぞれ2個ずつ減少する．α 崩壊が連続すると生成した原子核は陽子に対して中性子が過剰となる．そこで中性子の過剰を打ち消すために β^- 崩壊が起こる．このために放射崩壊系列では α 崩

壊ばかりでなく β^- 崩壊もみられる．**図 1.2** はウラン 238 から始まる放射崩壊系列を示したものである．この系列の中には 8 回の α 崩壊と 6 回の β^- 崩壊がみられる．

崩壊によって放出された α 粒子はしばしば非常に大きなエネルギーをもっている．たとえば，ラジウム 226 から放出される α 粒子の速度は 1.5×10^7 m s^{-1}（光速の 1/20）である．普通のヘリウム原子であれば，その平均速度は 0℃で 1.3×10^3 m s^{-1} に過ぎない．

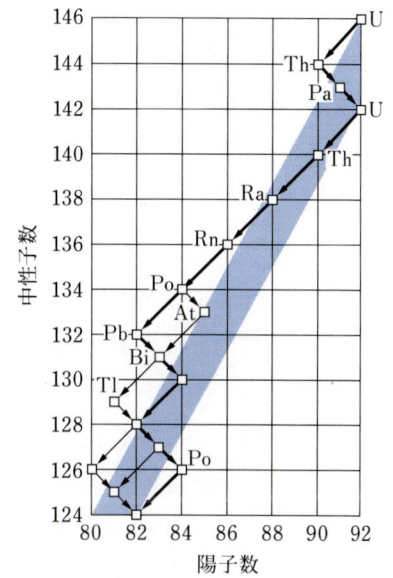

図 1.2 ^{238}U を親核種とする放射崩壊系列．色を付けた部分は安定同位体の存在域（図 1.1）を延長したものである．

1.4 原子量

原子の質量は，質量数 12 の炭素同位体 ^{12}C の質量の 1/12 を単位とする**原子質量単位**（atomic mass unit）によって表される．この単位の記号は u である．

$$1\,\mathrm{u} = 1.660\,539 \times 10^{-27}\,\mathrm{kg}$$

この単位で表された原子の質量は，その質量数に u を付けた値に近い．

原子を特徴付ける値に**原子量**（atomic weight）がある．原子量は各元素の同位体の質量（u）に同位体存在比（% 表示の場合は，それを 100 で割った値）を掛け，これを全部の同位体について合計した値と 1 u との比である．この計算には安定同位体ばかりでなく，同位体存在比が与えられている長寿命の放射性同位体も含まれる．

原子量は無次元量である．原子量に g を付けると 1 mol の原子の質量となる．

1.5 元素の存在度

地球スケールでみて大きな対象物，たとえば，地殻，全地球，太陽大気の中の平均元素濃度のことを元素の**存在度**（abundance）という．太陽も地球もその原料は原始太陽系星雲である．太陽の中心部では核融合反応が起こっているが，表面部分（太陽大気）は太陽系が生成した当時の状態を維持していると考えられている．太陽大気の元素組成はスペクトル分析と炭素質コンドライトとよばれる隕石の分析によってかなり詳しくわかっている．

太陽大気の元素組成，すなわち，元素の**太陽系存在度**（solar system abundance of the elements）は，ケイ素原子を 10^6 個としたときの相対原子数で表される．これを図に示したものが**図 1.3** である．この図から元素の存在度には次のような特徴のあることがわかる．

① 原子番号の増加とともに存在度は指数関数的に減少するが，40番以降ではほぼ一定となる．ただし，鉄とニッケルは存在度が突出している．またリチウム，ベリリウム，ホウ素は異常に少ない．

② 偶数番元素は隣り合った奇数番元素よりも存在度が大きい（これをオッドーハーキンズの法則という）．原子番号の小さい元素を除けば，この法則はよく成立している．

地球は太陽大気から揮発性元素を部分的に取り除いたものに相当する組成をもっている．ここでいう揮発性元素とは，地球の原料物

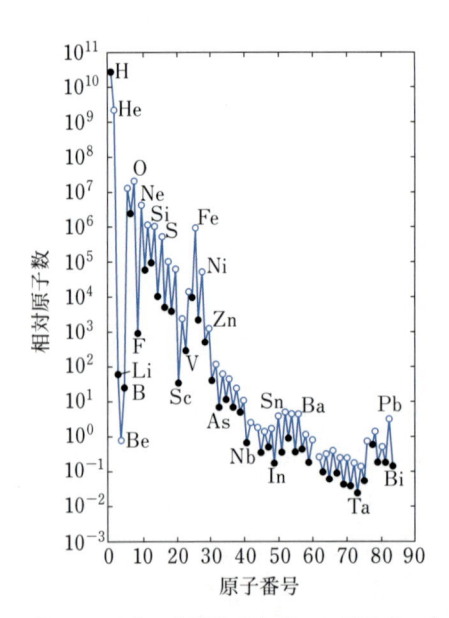

図 1.3 元素の太陽系存在度．Si 原子を 10^6 個としたときの相対原子数．○は偶数番元素，●は奇数番元素．

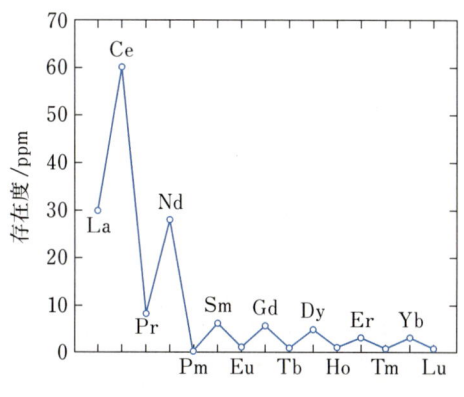

図1.4 ランタノイドの地殻存在度

質が凝集した条件下で気体の単体または化合物として存在していた元素のことである．希ガスはその代表であって，地球の生成時にはそのほとんどが失われてしまったと考えられる．現在の大気に含まれている希ガスは地球が誕生した後の地球内部からの脱ガスによって供給されたものである．

これに対して不揮発性元素は太陽大気の組成の特徴がそのまま地球の組成に反映されている．ランタノイドはオッドー-ハーキンズの法則がよく成立する元素群として知られている．ランタノイドの**地殻存在度**（crustal abundance）は**図1.4**に示すように，偶数番元素は隣り合った奇数番元素よりも存在度が大きい．これは元素の太陽大気存在度にみられるものと同じパターンである．

人類が利用し得る元素の量を評価するための材料は元素の地殻存在度である．地殻は固体地球の表層部で，質量からみれば地球全体の0.40％に過ぎない．大陸部分の厚さは平均35 km，海洋部分ではこれよりもはるかに薄く，厚さ5〜10 kmである．元素の地殻存在度が重要視されるのは，試料が直接採取できるので正確なデータが得られることと，地殻が人類にとって到達可能な範囲にあって，そこから有用な物質を取り出すことができるからである．**表1.5**に元素の地殻存在度を示した．

人類が大量に消費している元素の存在度が大きいとは限らない．銅，亜鉛な

表1.5 元素の地殻存在度（とくに示したもの以外，単位はppm）

原子番号	元素	存在度	原子番号	元素	存在度	原子番号	元素	存在度
1	H	1400	32	Ge	1.5	63	Eu	1.2
2	He		33	As	1.8	64	Gd	5.4
3	Li	20	34	Se	0.05	65	Tb	0.8
4	Be	2.8	35	Br	2.5	66	Dy	4.8
5	B	10	36	Kr		67	Ho	1.2
6	C	200	37	Rb	90	68	Er	2.8
7	N	20	38	Sr	375	69	Tm	0.5
8	O	46.60 %	39	Y	33	70	Yb	3.0
9	F	625	40	Zr	165	71	Lu	0.5
10	Ne		41	Nb	20	72	Hf	3
11	Na	2.83 %	42	Mo	1.5	73	Ta	2
12	Mg	2.09 %	43	Tc		74	W	1.5
13	Al	8.13 %	44	Ru	0.01	75	Re	0.001
14	Si	27.72 %	45	Rh	0.005	76	Os	0.001
15	P	1050	46	Pd	0.01	77	Ir	0.001
16	S	260	47	Ag	0.07	78	Pt	0.01
17	Cl	130	48	Cd	0.2	79	Au	0.004
18	Ar		49	In	0.1	80	Hg	0.08
19	K	2.59 %	50	Sn	2	81	Tl	0.5
20	Ca	3.63 %	51	Sb	0.2	82	Pb	13
21	Sc	22	52	Te	0.01	83	Bi	0.2
22	Ti	4400	53	I	0.5	84	Po	
23	V	135	54	Xe		85	At	
24	Cr	100	55	Cs	3	86	Rn	
25	Mn	950	56	Ba	425	87	Fr	
26	Fe	5.00 %	57	La	30	88	Ra	
27	Co	25	58	Ce	60	89	Ac	
28	Ni	75	59	Pr	8.2	90	Th	7.2
29	Cu	55	60	Nd	28	91	Pa	
30	Zn	70	61	Pm		92	U	1.8
31	Ga	15	62	Sm	6.0			

どの存在度は決して大きくはない．それにもかかわらず，これらの元素が金属として大量に使用されているのは，地殻中で特定の場所に濃縮された状態で産出するためである．このような場所を鉱床とよんでいる．元素が地殻中で遊離の状態，すなわち，単体として存在することは稀で，多くは化合物として存在

COLUMN
資源としてのヘリウム

　希ガスの一種であるヘリウムは宇宙開発ではパージ・加圧用ガス，先端技術開発では高真空・極低温を得るための媒体，溶接分野では不活性雰囲気用のガスとして，その需要は増大する一方である．これはヘリウムが低融点をもつこと，熱伝導がよいこと，水に対する溶解度がきわめて小さいことなど多くのすぐれた特性をもっているからである．地球の原料物質にはかなりのヘリウムが含まれていた可能性はあるが，地球が誕生したときの高温でヘリウムの大部分は失われたと考えられている．現在のヘリウムは主としてウラン・トリウム系列元素の崩壊で二次的に供給されたものである．このヘリウムを比較的高濃度で含んでいるガスは，現在のところ，天然ガスだけである．天然ガスから工業的にヘリウムが分離できるのは，濃度が0.3％以上の場合である．わが国にはこのような高濃度でヘリウムを含む天然ガスは存在しない．2005年の米国のヘリウム産出量は16×10^6 kg，世界全体ではその倍以上にもなる．同じ年のわが国の米国からのヘリウム輸入量は2.3×10^6 kgであった．ヘリウムも資源の枯渇が懸念されている元素の1つである．米国では予測される資源の枯渇に備えて粗製ヘリウムの備蓄を行っている．

している．このような化合物の中で，そこから元素を取り出すことが容易で，しかも大量に産出するものが資源として重要である．

演習問題

[1]　表1.1のデータを用いて，次の質量を計算せよ．
　　(a) 1 mol のプロチウム原子
　　(b) 1 mol のヘリウム4原子

[2]　キセノンの同位体存在比は次頁の表の通りである．同位体存在比にみられる一般的傾向からみて，これらの同位体の中に異常な存在比を示すものが1つ含まれている．それはどれか．どのような理由でその存在比が異常と判断したか．

質量数	存在比/%	質量数	存在比/%
124	0.10	131	21.23
126	0.09	132	26.91
128	1.91	134	10.44
129	26.40	136	8.86
130	4.07		

[3] ウラン 238 の原子核が 2 個の同じ核に分裂したとする．生成核は図 1.1 上でどこに位置しているか．その位置からこのような核分裂に伴って中性子が放出されることを説明せよ．

[4] 次の文の中で下線部の語が元素の意味で用いられているものを選べ．
　(a) ヨウ素は黒紫色の固体である．
　(b) 二酸化硫黄は硫黄と酸素の化合物である．

[5] 半減期が 1 min の同位体 A が 10^{12} 原子，半減期が 4 min の同位体 B が 10^{11} 原子存在する．A と B を合計した原子数が時間とともにどのように変化していくかを，原子数を対数にとった片対数グラフで示せ．A，B 原子が同数となるのは現在から何 min 後か．

[6] 現在のカリウムには放射性のカリウム 40 が 0.0117 ％含まれる．その半減期は 1.277×10^9 y である．45 億年前のカリウム中のカリウム 40 の存在比を求めよ．

[7] 次の核種はいずれも β^- 崩壊を起こす．崩壊によって生成する核種を示せ．
　(a) トリチウム (^{3}H)
　(b) 炭素 14 (^{14}C)
　(c) カリウム 40 (^{40}K)

[8] 天然に存在するルビジウムは 2 種の同位体，ルビジウム 85 とルビジウム 87 からなる．これらの質量（単位 u）はそれぞれ 84.9118，86.9092，存在比はそれぞれ 72.165 ％，27.835 ％である．ルビジウムの原子量を求めよ．

[9] 前問でルビジウム 85 は安定同位体であるが，ルビジウム 87 は放射性同位体であって，崩壊してストロンチウム 87 になる．その半減期は 4.8×10^{10} y である．現在から 4.8×10^9 y 後にルビジウムの原子量はいくらになるか．

[10] 地殻（地球表層の固体部分）は 24×10^{21} kg である．地殻中の金濃度は 0.004 ppm である．地殻に含まれる金の全量はいくらか．この値を金の推定埋蔵量 (1993) の 57×10^6 kg と比較せよ．

第2章 核外電子

　原子は核とそれを取りまく電子，すなわち，核外電子からなっている．核と電子はクーロン力で引き合っている．電子が核に吸い寄せられて衝突してしまわないのは，電子が高速で運動しているためであり，固体物質が立体的な形を維持しているのは，原子が立体的構造をもつためである．原子が立体的ということは電子が三次元的に運動していることを意味する．電子には原子と原子を結び付ける働きもある．このような電子の性質はどのようにして解明されていったのであろうか．

2.1 水素の発光スペクトル

　水素を低圧で封入した放電管を水素放電管という．両極の間に高電圧を掛けると水素特有の発光がみられる．この光を分光器に掛けると連続スペクトルとともに多数の線スペクトルが認められる．線スペクトルの波長の間に初めて規則性を見いだしたのはスイスの物理学者 Balmer（バルマー）である．Balmer は可視部にあるスペクトル線の波長が次の式で表されることを示した．

$$\frac{1}{\lambda} = R\left(\frac{1}{2^2} - \frac{1}{n^2}\right) \quad (2.1)$$

ここで λ は波長，R はリュードベリ定数（$1.097\,373 \times 10^7\,\mathrm{m}^{-1}$），$n$ は 3 以上の整数である．続いて紫外部のスペクトルについても類似の関係がアメリカの物理学者 Lyman（ライマン）によって見いだされた．

$$\frac{1}{\lambda} = R\left(\frac{1}{1^2} - \frac{1}{n^2}\right) \quad (2.2)$$

ここで n は 2 以上の整数である．赤外部のスペクトルにおける波長の規則性はドイツの物理学者 Paschen（パッシェン）が発見したものである．

$$\frac{1}{\lambda} = R\left(\frac{1}{3^2} - \frac{1}{n^2}\right) \tag{2.3}$$

この式で n は 4 以上の整数である．式 (2.1) から (2.3) の関係にまとめられたスペクトル線の系列をそれぞれバルマー系列，ライマン系列，パッシェン系列とよんでいる．

光の波長 λ とそのエネルギー E との間には次の関係が成立する．

$$E = h\nu = \frac{ch}{\lambda} \tag{2.4}$$

ここで h はプランク定数 ($6.626\,068\,96 \times 10^{-34}$ J s)，ν は振動数，c は光速である．振動数と波長の関係は $\nu = c/\lambda$ で与えられる．波長が 500 nm の光のエネルギーは式 (2.4) から，

$$E = \frac{3.0 \times 10^8 \text{ m s}^{-1} \times 6.6 \times 10^{-34} \text{ J s}}{500 \times 10^{-9} \text{ m}}$$

$$= 4.0 \times 10^{-19} \text{ J}$$

$$N_A E = 6.0 \times 10^{23} \text{ mol}^{-1} \times 4.0 \times 10^{-19} \text{ J}$$

$$= 240 \text{ kJ mol}^{-1}$$

ここで N_A はアボガドロ定数である．光のエネルギーは化学結合のエネルギーと同じレベルであることがわかる．波長が短いほど，光のエネルギーは大きくなる．

2.2 ボーアの原子モデル

デンマークの物理学者 Bohr（ボーア）は，水素の発光スペクトルを説明するための原子モデルを提案した．このモデルによると電子は核の周りを古典力学の法則に従った円運動をしているが，電子の軌道半径は連続的な値をとるのではなく，とびとびの値しかとらない．軌道の半径が異なると電子のエネルギーも異なる．電子がある軌道から別の軌道に移るとき，2 つの軌道のエネルギー差に相当するエネルギーの放出あるいは吸収が起こる．また原子中で核の周りに拘束されている電子のことを**核外電子**（extranuclear electron）という．化

学の世界で問題になる電子はほとんどが核外電子である．そのために核外電子を単に電子とよぶのが普通である．

核の周りを円軌道を描いて運動している電子は，クーロン力によって核に引かれる力と遠心力によって飛び出していこうとする力が釣り合っている．この条件から円軌道の半径を計算してみると図2.1のようになる．

光のエネルギー E が波長 λ の逆数に比例することに着目すれば，水素原子中の電子のエネルギーが $1/n^2$ ($n = 1, 2, \cdots$) に比例する不連続な値をとると仮定することで統一的に説明できる．このことを図2.2に示す．ここで n が無限大になったときのエネルギーをゼロにとれば，

$$E/\text{eV} = -\frac{13.6}{n^2} \tag{2.5}$$

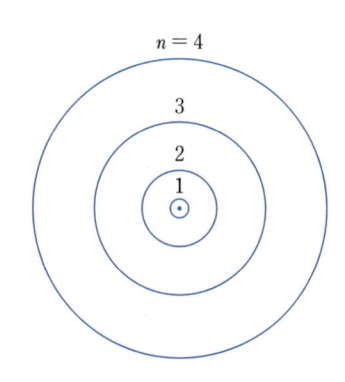

図2.1 ボーアの原子モデルから導かれた電子の円軌道．軌道の半径は $52.9\,\text{pm} \times n^2$ で与えられる．

式中の eV はエネルギーの単位の電子ボルトに対する記号である．電子ボルトは電気素量 e の電荷をもつ粒子が真空中，電位差 1 V の 2 点間で加速されるときに獲得するエネルギーと定義される．ここで $1\,\text{eV} = 1.60 \times 10^{-19}\,\text{J} = 96.5\,\text{kJ mol}^{-1}$ である．

放電管の中では陰極から陽極へ向かう電子の流れ（電子ビーム）がある．この電子が水素分子と衝突すると，結合が切断されて水素原子を生じる．

$$\text{H}_2 \longrightarrow \text{H} + \text{H}$$

ここで生じた水素原子のほとんどは再結合して水素分子に戻るが，そのとき大量の熱を発生する．一部の水素原子は再結合を起こす前に電子ビームの電子と衝突し，そのエネルギーを受け取った水素の核外電子は高いエネルギー準位に移る．高いエネルギー準位にある電子は不安定で，エネルギーを放出してより安定な低い準位に移る．このときのエネルギーが光として放出される．水素の

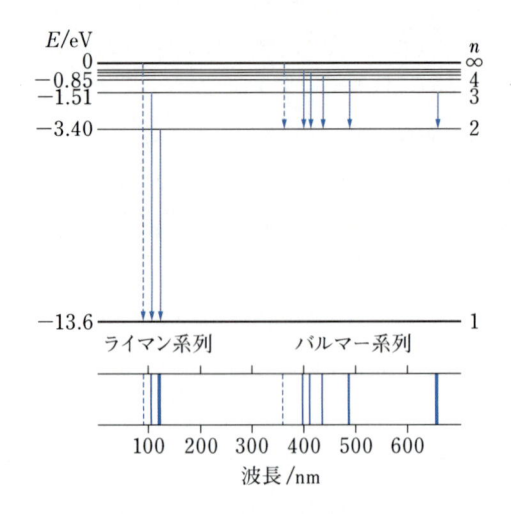

図 2.2 水素原子中の電子のエネルギー準位（上段）．電子が高いエネルギー準位から低いエネルギー準位に移ったときに放出される光の波長と水素の原子スペクトル（下段）を対応させた．

発光スペクトルはこのようにして出現するのである．

電子の取り得るエネルギー状態のうち，最も安定な状態を**基底状態**（ground state），それよりもエネルギーの高い状態を**励起状態**（excited state）という．図 2.2 で n が 1 である状態が基底状態，2 以上の状態が励起状態である．

ボーアのモデルは水素の原子スペクトルを説明することには成功したが，水素原子がどのように結合して水素分子をつくるかという化学にとって基本的な問題に答えることはできなかった．

2.3 電子回折

ボーアのモデルでは電子の運動は古典力学の法則に従うものとされている．電子ビームを金箔に当てたとき，箔の後方に写真フィルムを置くと，同心円状の回折像が得られる．これは電子が箔によって一様に散乱されるのではなく，回折現象を起こすためである．この現象を**電子回折**（electron diffraction）とい

う．これによって電子は粒子としての性質ばかりでなく，波としての性質ももっていることが明らかとなった．

電子回折の結果は，金箔を通過した後の電子の運動を予測しようとするならば，それは確率的にしか表現できないことを示している．これは電子の運動が古典力学の法則に従わないことを意味している．従って，水素原子の中の電子は一定の軌道上を運動しているのではないということになる．

1925年にde Broglie（ド・ブロイ）は，すべての運動している物体には粒子性と波動性があり，その運動量 p と波長 λ との間には，

$$\lambda = \frac{h}{p} \tag{2.6}$$

という関係があることを示した．質量が大きな物体では運動量が大きくなるために，波長 λ は極端に小さくなり，観測することはできない．しかし電子のように質量が小さい粒子では，その波長は無視できなくなる．

2.4　光電子放射

金属の表面に光を当てたとき，電子が放出される現象を**光電子放射**（photo-electric emission）という．この現象が起こるためには，光の波長がある限界値よりも短いことが必要である．その値は金属によって異なり，亜鉛では350 nm，ナトリウムでは650 nm である．この場合，波長が限界値よりも長い光では，いくら強度を大きくしても電子の放出は起こらない．

光がもつこの性質を利用すれば，光の強度を電子の流れ，すなわち電流に変えて測定することができる．この受光器のことを光電管という．

金属中の電子は核によるクーロン力で拘束されている．その引力に打ち勝つだけのエネルギーをもつ光を当てたときに，電子の放出が起こる．この現象は光がエネルギーの粒子であると考えなければ説明できない．光をエネルギーの粒子とみなしたとき，これを**光子**（photon）という．従って，光も電子のように波動性と粒子性を備えていることがわかる．

2.5 波動方程式

電子が光と同様に粒子性と波動性をもつことに着目して，原子内の電子の位置とエネルギーを求める方法を考える．光の強度はその波の振幅の二乗に比例する．光を粒子としてみると，光の強度は光子の空間密度に対応する．このことを電子に置き換えると，電子の波の振幅の二乗が電子の空間密度，すなわち，存在確率に対応することになる．

原子中の電子は核によって拘束された状態にある．このような状態を表す波は定常波である．一次元の定常波に対する**波動方程式**（wave equation）は次式で表される．

$$\Psi = a \exp\left[2\pi i\left(\frac{x}{\lambda} - \nu t\right)\right] \tag{2.7}$$

ここで Ψ は振幅，a は最大振幅，x は原点からの距離，λ は波長，ν は振動数，i は虚数，t は時間である．式 (2.7) から次式が導かれる．

$$\frac{\partial^2 \Psi}{\partial x^2} = -\frac{4\pi^2}{\lambda^2}\Psi \tag{2.8}$$

電子のもつ全エネルギーを E とすれば，

$$E = \frac{1}{2}mv^2 + V \tag{2.9}$$

となる．ここで m は電子の質量，v は速度，V はポテンシャルエネルギーである．式 (2.9) を変形すれば，

$$mv = \sqrt{2m(E-V)}$$

この関係を物質波の式 (2.6) に代入すれば，

$$\lambda = \frac{h}{p} = \frac{h}{\sqrt{2m(E-V)}} \tag{2.10}$$

これを式 (2.8) に代入して整理すれば，

$$\frac{h^2}{8\pi^2 m}\frac{\partial^2 \Psi}{\partial x^2} + (E-V)\Psi = 0 \tag{2.11}$$

これを三次元に拡張した式 (2.12) が三次元空間に対する波動方程式である．

$$\frac{h^2}{8\pi^2 m}\left(\frac{\partial^2}{\partial x^2}+\frac{\partial^2}{\partial y^2}+\frac{\partial^2}{\partial z^2}\right)\varPsi + (E-V)\varPsi = 0 \qquad (2.12)$$

$\varPsi$ は原子中の電子の状態を記述する関数で，**波動関数** (wave function) とよばれる．

2.6 水素原子に対する波動方程式の解

水素原子に対しては式 (2.12) を解くことができる．解くためには $V = -e^2/4\pi\varepsilon_0 r$ とおいて，直交座標を極座標に変換する．ここで e は電気素量，r は核と電子の間の距離，ε_0 は真空の誘電率 $(8.85\times 10^{-12}\,\mathrm{J^{-1}\,C^2\,m^{-1}})$ である．

式 (2.12) を解くと，エネルギー E と波動関数 $\varPsi$ がそれぞれ独立に求められる．

$$\begin{aligned}
E/\mathrm{J} &= -\frac{me^4}{8\varepsilon_0^2 n^2 h^2} \\
&= -\frac{(9.11\times 10^{-31})(1.60\times 10^{-19})^4}{8n^2(8.85\times 10^{-12})^2(6.63\times 10^{-34})^2} \\
&= -\frac{2.17\times 10^{-18}}{n^2}
\end{aligned}$$

ここで $1\,\mathrm{eV} = 1.60\times 10^{-19}\,\mathrm{J}$ であるから，

$$E/\mathrm{eV} = -\frac{13.6}{n^2} \qquad (2.13)$$

となる．この結果は水素の原子スペクトルから得られたものと完全に一致する．

波動関数 $\varPsi$ を求めるためには，これが r, θ, ϕ の関数の積で表されるものと仮定する．すなわち，

$$\varPsi = R(r)\Theta(\theta)\Phi(\phi) \qquad (2.14)$$

これらの関数はいずれもある整数を含んでいる．その整数は $R(r)$ では n, l；$\Theta(\theta)$ では l, m；$\Phi(\phi)$ では m である．従って，$\varPsi$ は n, l, m によって特徴付けられる関数である．これは住所を n 丁目 l 番 m 号で表すことと似ている．

ここで n は式 (2.13) の n と同じである.

　これらの整数は**量子数** (quantum number) とよばれる. 一組の n, l, m に対応する電子の状態が 1 つある. ここで n は主量子数とよばれ, 1 から始まる整数であって, 電子のエネルギーを決定する. 方位量子数 l は $0, 1, \cdots, n-1$ で与えられ, 空間における電子分布の球対称からの偏りに関係している. 磁気量子数 m は $l, l-1, \cdots, 0, \cdots, -l$ の値をとる. この量子数は磁場の方向を基準にとったときに電子の分布する方向を規定する.

　これを要約すると,
$$n = 1, 2, 3, \cdots$$
$$l = 0, 1, 2, 3, \cdots, n-1$$
$$m = 0, \pm 1, \pm 2, \cdots, \pm l$$
となる.

　電子の状態は主として n と l で決められる. $n=1, l=0$ の状態にある電子を 1s 電子, $n=2, l=1$ の状態にある電子を 2p 電子のように表す. これらの例からわかるように $l=0$ は s, $l=1$ は p と書き換えられる. さらに $l=2$ は d, $l=3$ は f となる. これらはいずれも分光学においてスペクトル線を記述するために用いられた sharp, principal, diffuse, fundamental の頭文字である.

　表 2.1 に n, l, m の組合せを示した. これらの量子数の組合せで表される電子の状態のことを**原子軌道** (atomic orbital) という. 表中の E は水素原子に

表 2.1　量子数 n, l, m の組合せ

n	l	m	記号	E/eV
1	0	0	1s	-13.6
2	0	0	2s	-3.40
2	1	$1, 0, -1$	2p	-3.40
3	0	0	3s	-1.51
3	1	$1, 0, -1$	3p	-1.51
3	2	$2, 1, 0, -1, -2$	3d	-1.51
4	0	0	4s	-0.85

2.6 水素原子に対する波動方程式の解

おける軌道のエネルギーを示している．このエネルギー値のことを**エネルギー準位** (energy level) という．同じエネルギーに対する軌道を数えてみると，$n=1$ に対しては1つしかないが，$n=2$ に対しては4つある．後者の例のように，複数個の軌道が同じエネルギーをもっているとき，そのエネルギー準位は**縮退** (degeneracy) しているという．

1s 電子に対する Ψ を Ψ_{1s} で表せば，

$$\Psi_{1s} = \frac{1}{\sqrt{\pi}}\left(\frac{1}{a_0}\right)^{3/2}\exp\left(-\frac{r}{a_0}\right) \tag{2.15}$$

ここで $a_0 = \varepsilon_0 h^2/\pi e^2 m = 52.9$ pm である．

光の強度は振幅の二乗で表され，電子の存在確率は Ψ^2 で与えられる．空間 ΔV の中に電子を見いだす確率は $\Psi^2 \Delta V$ である．Ψ^2 を全空間にわたって積分すると，その値は1になる．これは全空間のどこかに必ず電子が存在するからである．

$$\int \Psi^2 dV = 1 \tag{2.16}$$

Ψ_{1s} は r だけの関数であって，θ，ϕ を含まない．このような関数を球対称であるという．原点（核）からの距離が r と $r+\Delta r$ の間に電子を見いだす確率は，半径 r，厚さ Δr の球殻の体積 $4\pi r^2 \Delta r$ に Ψ_{1s}^2 を掛けたものになる．ここで $4\pi r^2 \Psi^2$ のことを**動径分布関数** (radial distribution function) という．水素原子の 1s 電子の場合，この関数は**図 2.3** に示すように a_0 に極大値をもつ．す

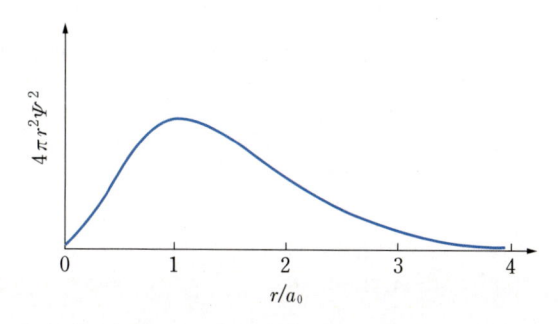

図 2.3　水素原子の 1s 電子に対する動径分布関数

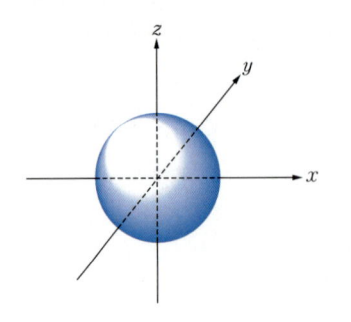

図 2.4 水素原子の 1s 電子が高い確率で見いだされる空間

なわち，1s 電子は核から 52.9 pm の距離に見いだされる確率が最も大きい．また核からの平均距離 r は $1.5 \times 52.9 = 79.4$ pm で与えられる．

1s 電子が高い確率で存在する空間は，**図 2.4** に示すように，ある大きさをもった球で表現される．この空間図形は電子の空間分布の幾何学的特徴とともに，その範囲に電子がある確率（たとえば，50%）をもって見いだされることを意味している．

2s 電子に対する波動関数 Ψ_{2s} は，

$$\Psi_{2s} = \frac{1}{4\sqrt{2\pi}} \left(\frac{1}{a_0}\right)^{3/2} \left(2 - \frac{r}{a_0}\right) \exp\left(-\frac{r}{2a_0}\right) \tag{2.17}$$

である．この関数も球対称であるが，$r = 2a_0$ で $\Psi_{2s} = 0$ となる．2s 電子の核からの平均距離は $1.5 \times 52.9 \times 2^2 = 317$ pm である．従って，2s 電子が見いだされる空間は 1s 電子の場合よりも大きい球で表されることになる．

水素原子の ns 電子の核からの平均距離は $1.5 \times 52.9\, n^2$ で表される．n が大きくなるにつれて核と電子との平均距離は急速に増大する．$n \to \infty$ は $r \to \infty$，すなわち，水素原子のイオン化（電子を失う過程）に相当する．

$$\mathrm{H} \longrightarrow \mathrm{H}^+ + \mathrm{e}^-$$

2p 電子の空間分布は球対称ではなく，特定の方向に延びた形をしている．2p 電子には m が異なる 3 つの場合がある．これらの空間分布は図形としては同じものであるが，それぞれ x, y, z 軸の方向を向いている．これらの軌道を $2\mathrm{p}_x$, $2\mathrm{p}_y$, $2\mathrm{p}_z$ のように表す．たとえば，$2\mathrm{p}_z$ に対する波動関数 $\Psi_{2\mathrm{p}_z}$ は次式で与えられる．

$$\Psi_{2\mathrm{p}_z} = \frac{1}{4\sqrt{2\pi a_0^3}} \frac{r}{a_0} \cos\theta \exp\left(-\frac{r}{2a_0}\right) \tag{2.18}$$

この関数は ϕ を含まない．従って，この関数は z 軸に関して対称である．ま

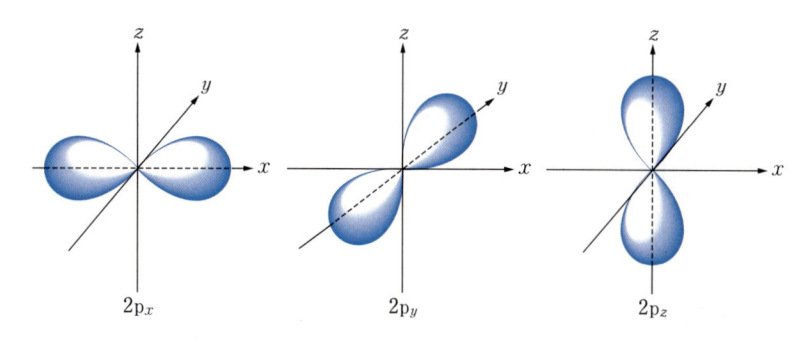

図 2.5　水素原子の 2p 電子が高い確率で見いだされる空間

た r が一定であれば，Ψ_{2p_z} は $\theta = 0$（z 軸上）のときに最大であり，$\theta = \pi/2$（xy 平面上）では 0 となる．$2p_z$ 電子の空間分布は xy 平面に関しても対称である．このことから 2p 電子が見いだされる空間は図 2.5 のように表現される．2p 電子は核から $4a_0$ の距離に見いだされる確率が最も高い．

2.7　2 個以上の電子をもつ原子

　水素以外の元素であれば，その中性原子は 2 個以上の電子をもっている．この場合も原子軌道のエネルギー準位の関係は，水素原子にみられるエネルギー準位（図 2.6(a)）に類似したものであると考える．そのとき問題になるのは，
　① エネルギー準位の相対的関係は水素原子の場合と全く同じになるか，
　② 1 つの軌道に収容される電子は何個か，
ということである．
　水素原子では，n が同じであれば，l が異なってもエネルギー準位は同じであった．これに対し，電子が 2 個以上になると，電子間にクーロン斥力が作用することと，空間的に内部に位置する軌道の電子が核の正電荷を遮蔽するために，l が異なるとエネルギー準位がいくらか変化する．
　たとえば，1s 軌道に電子が入っている状態で 2s または 2p 軌道に電子が入ることを考える．2s 電子は球対称の分布をしているので，1s 電子からの反発

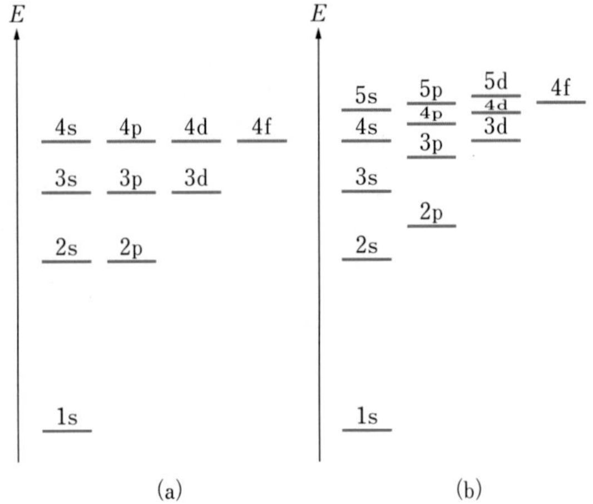

図 2.6 (a) 水素原子にみられるエネルギー準位, (b) ヘリウム以上の原子にみられるエネルギー準位

を避けて核に接近することができる．核に近づくほど 2s 電子は安定化する．2p 電子の場合は，1s 電子の反発を逃れるために移動することができる空間の範囲が限られている上，核に接近できる空間も限定されている．核に接近できるという点では 2s 電子の方が有利である．

この定性的議論からわかるように，2p 軌道の方が 2s 軌道よりもエネルギー準位が高くなる．分光学的データも原子軌道のエネルギー準位が 1s＜2s＜2p＜3s＜3p＜3d＜4s＜… の順に高くなることを教えている．ここで述べたエネルギー準位の関係を**図 2.6(b)** に示した．

次に 1 個の軌道に収容される電子数について考えてみる．水素原子では 1s 軌道に電子が 1 個入った状態が基底状態である．この電子配置を $(1s)^1$ のように表す．ヘリウム原子には 2 個の電子があるので，基底状態として可能な電子配置は $(1s)^1(2s)^1$ または $(1s)^2$ となる．前者は 1 つの軌道に収容される電子が 1 個，後者は 2 個またはそれ以上の場合である．

ここでヘリウムイオン He^+ を取り上げる．このイオンは核電荷が $+2e$ であ

ることを別にすれば，電子は1個しかなく，水素原子と同じ構成になる．そのエネルギー準位は水素原子の例にならって計算することができる．すなわち，

$$E/\mathrm{eV} = -\frac{4 \times 13.6}{n^2} \tag{2.19}$$

基底状態は $(1s)^1$，そのエネルギー準位は $-54.4\,\mathrm{eV}$ である．2s軌道のエネルギー準位は $-13.6\,\mathrm{eV}$ になる．

He$^+$ に電子1個を付け加えるとHe原子となる．基底状態のHe原子から電子1個を取り去るのに必要なエネルギー（イオン化エネルギー）は $24.6\,\mathrm{eV}$ と実測されている．後から付け加えた電子が2s軌道に入ったものと仮定する．この電子を取り去るのには，最大で $13.6\,\mathrm{eV}$ のエネルギーが必要である．実際は1s電子がある程度は核電荷を遮蔽するので，$13.6\,\mathrm{eV}$ よりは小さいエネルギーで足りるはずである．

これに対して，1s軌道に2個の電子が存在するときは，その1個を取り去るのに必要なエネルギーは，$54.4\,\mathrm{eV}$（他方の電子が核電荷を全く遮蔽しない場合）と $13.6\,\mathrm{eV}$（他方の電子が陽子1個に相当する核電荷を遮蔽する場合で，これは水素原子と同じ状態になる）の間の値をとるはずである．実測値は1s軌道に2個の電子が存在することを示している．従って，1つの軌道に収容される電子は2個またはそれ以上ということになる．

電子3個をもつリチウム原子のイオン化エネルギーは $5.4\,\mathrm{eV}$ である．3個目の電子は明らかに2s軌道に入っている．このことから1つの軌道に入ることができる電子は2個であることが導かれた．

2.8 電子のスピン

電子は自転している．このことは磁場の中を電子ビームが通過したとき，ビームが2つに分かれることから支持される．自転する電子は小さい磁石である．ビームが2つに分かれることは，電子の自転の方向に正方向と逆方向があることを意味している．

ヘリウム原子は 1s 軌道に 2 個の電子をもっている．これらが同方向に自転しているのであれば，ヘリウム原子は磁石となり，磁場に引かれるはずである．物質が磁場に引かれるとき，その物質は**常磁性** (paramagnetic) であるという．しかし，自転の方向がたがいに逆方向である電子が対になっているのであれば，磁性は打ち消され，磁石としての性質はみられないであろう．実際は，このような物質の場合，それを磁場の中に置くと，磁場とは反対の方向に弱く磁化することが知られている．この性質を**反磁性** (diamagnetic) という．

ヘリウム原子は反磁性である．従って，1s 軌道中の 2 個の電子はたがいに反対の方向に自転していることになる．電子の自転に対しても量子数が導入されていて，スピン量子数（記号 s）とよばれている．スピン量子数の値には自転の方向で決まる $+1/2$ または $-1/2$ の 2 通りしかない．

スピンまで考慮すると，原子中の電子は 4 つの量子数によって特徴付けられ，1 組の n, l, m, s によって示される状態にはただ 1 個の電子しか存在しないことになる．この原理は**排他原理** (exclusion principle)，あるいは**パウリの原理** (Pauli principle) とよばれている．

2.9　原子の電子配置

原子中の電子がどのように原子軌道を充塡しているかを表したものが**電子配置** (electronic configuration) である．基底状態にある原子中の電子は，軌道をエネルギー準位の低い方から順に埋めていく．この原則を**構成原理** (Aufbau principle) という．

電子配置は，水素では $(1s)^1$，ヘリウムでは $(1s)^2$，リチウムでは $(1s)^2(2s)^1$，ベリリウムでは $(1s)^2(2s)^2$，ホウ素では $(1s)^2(2s)^2(2p)^1$ のように表される．その次の炭素では p 軌道の充塡の仕方に $(1s)^2(2s)^2(2p_x)^2$ と $(1s)^2(2s)^2(2p_x)^1(2p_y)^1$ の 2 通りの可能性がでてくる．問題は基底状態としてどちらを選ぶかということである．

同じ p 軌道に 2 個の電子が入ったとする．これらは空間的に接近している

2.9 原子の電子配置

表 2.2 水素からアルゴンまでの原子の電子配置

元素	原子軌道								
	1s	2s	$2p_x$	$2p_y$	$2p_z$	3s	$3p_x$	$3p_y$	$3p_z$
H	↑								
He	↑↓								
Li	↑↓	↑							
Be	↑↓	↑↓							
B	↑↓	↑↓	↑						
C	↑↓	↑↓	↑	↑					
N	↑↓	↑↓	↑	↑	↑				
O	↑↓	↑↓	↑↓	↑	↑				
F	↑↓	↑↓	↑↓	↑↓	↑				
Ne	↑↓	↑↓	↑↓	↑↓	↑↓				
Na	↑↓	↑↓	↑↓	↑↓	↑↓	↑			
Mg	↑↓	↑↓	↑↓	↑↓	↑↓	↑↓			
Al	↑↓	↑↓	↑↓	↑↓	↑↓	↑↓	↑		
Si	↑↓	↑↓	↑↓	↑↓	↑↓	↑↓	↑	↑	
P	↑↓	↑↓	↑↓	↑↓	↑↓	↑↓	↑	↑	↑
S	↑↓	↑↓	↑↓	↑↓	↑↓	↑↓	↑↓	↑	↑
Cl	↑↓	↑↓	↑↓	↑↓	↑↓	↑↓	↑↓	↑↓	↑
Ar	↑↓	↑↓	↑↓	↑↓	↑↓	↑↓	↑↓	↑↓	↑↓

ので相互の反発が大きくなる.しかし,異なる p 軌道に 1 個ずつ入れば,距離は遠くなり,反発は小さくなる.これらから電子 1 個を取り出すのに必要なエネルギーを比較してみよう.明らかに $(2p_x)^1 (2p_y)^1$ よりも $(2p_x)^2$ から電子を取り出す方が必要なエネルギーは小さい.従って,$(2p_x)^1 (2p_y)^1$ の方が安定であり,これが炭素原子の基底状態になる.

電子のエネルギーは自転の方向によってわずかではあるが異なっている.炭素原子のように異なる p 軌道に 1 個ずつ電子が入っているときは,これらはすべてエネルギー的に低い方の状態(スピン量子数 = +1/2)をとるために,自転の方向が同じになり,スピン量子数の和は最大になる.このようにエネルギー準位が等しい複数個の軌道中に 2 個以上の電子が存在するとき,系のエネルギーが最小になるのは,これらのスピン量子数が同じ値をとる場合である(これをスピンが平行であるという).これは一種の経験則であって,**フントの規則** (Hund's rule) とよばれている.このことは d 軌道,f 軌道にも適用され

る．電子の自転の方向は矢印で表すのがわかりやすい (**表2.2**)．

　表2.2が示すように，2p軌道はネオン ($Z=10$) で完全に充填される．ネオンは**希ガス** (rare gas) の一種であって，化学的にはきわめて安定で，化合物をつくらない．その電子分布を空間的にみると球対称である．窒素 ($Z=7$) は2p軌道が半分だけ充填された状態にある．この場合も，電子分布は球対称である．電子分布が球対称である原子が化学的には安定である．その中でも軌道が完全充填されているものが最も安定で，半充填されているものがそれに次いでいる．

　核から電子までの平均距離はそれぞれの軌道の主量子数によって決定される．従って，電子は主量子数ごとにまとまって1つの殻の中に存在しているようにみえる．そこで $n=1$ に対する殻をK殻，$n=2$ に対する殻をL殻，以下M殻，N殻，O殻のように名付ける．ある殻が完全に充填されているとき，これを**閉殻** (closed shell) という．また，与えられた n に対する殻を方位量子数 l によってさらに細分し，**副殻** (subshell) とよぶことがある．

　ネオンの次のナトリウム ($Z=11$) から3s軌道の充填が始まる．このあと，アルゴン ($Z=18$) までの充填の過程は，軌道の主量子数が3であることを除けば，リチウムからネオンまでと同じことが繰り返される．最外殻だけに着目すれば，同じ電子配置をもった元素が周期的に出現することになる．

　各軌道の電子数だけで電子配置を表したものが**表2.3**である．アルゴンで3p軌道の充填は完了し，次のカリウム ($Z=19$) からは3d軌道ではなく，4s軌道に電子が入る．アルゴンの電子配置を [Ar] のように表せば，カリウムの電子配置は $[\text{Ar}](4\text{s})^1$，カルシウム ($Z=20$) では $[\text{Ar}](4\text{s})^2$ となる．その次の元素スカンジウム ($Z=21$) から3d軌道の充填が始まる．その電子配置は $[\text{Ar}](3\text{d})^1(4\text{s})^2$ で示される．クロム ($Z=24$) の電子配置は，バナジウム ($Z=23$) の電子配置から予想される $[\text{Ar}](3\text{d})^4(4\text{s})^2$ ではなく，$[\text{Ar}](3\text{d})^5(4\text{s})^1$ となるが，これは3d軌道が半充填された状態が安定であることを意味している．同様な現象は銅 ($Z=29$) でもみられる．銅では3d軌道が完全に充填されている．

2.9 原子の電子配置

表2.3 水素からウランまでの原子の電子配置

元素		K	L		M			N				O
		1s	2s	2p	3s	3p	3d	4s	4p	4d	4f	5s
1	H	1										
2	He	2										
3	Li	2	1									
4	Be	2	2									
5	B	2	2	1								
6	C	2	2	2								
7	N	2	2	3								
8	O	2	2	4								
9	F	2	2	5								
10	Ne	2	2	6								
11	Na	2	2	6	1							
12	Mg	2	2	6	2							
13	Al	2	2	6	2	1						
14	Si	2	2	6	2	2						
15	P	2	2	6	2	3						
16	S	2	2	6	2	4						
17	Cl	2	2	6	2	5						
18	Ar	2	2	6	2	6						
19	K	2	2	6	2	6		1				
20	Ca	2	2	6	2	6		2				
21	Sc	2	2	6	2	6	1	2				
22	Ti	2	2	6	2	6	2	2				
23	V	2	2	6	2	6	3	2				
24	Cr	2	2	6	2	6	5	1				
25	Mn	2	2	6	2	6	5	2				
26	Fe	2	2	6	2	6	6	2				
27	Co	2	2	6	2	6	7	2				
28	Ni	2	2	6	2	6	8	2				
29	Cu	2	2	6	2	6	10	1				
30	Zn	2	2	6	2	6	10	2				
31	Ga	2	2	6	2	6	10	2	1			
32	Ge	2	2	6	2	6	10	2	2			
33	As	2	2	6	2	6	10	2	3			
34	Se	2	2	6	2	6	10	2	4			
35	Br	2	2	6	2	6	10	2	5			
36	Kr	2	2	6	2	6	10	2	6			
37	Rb	2	2	6	2	6	10	2	6			1
38	Sr	2	2	6	2	6	10	2	6			2
39	Y	2	2	6	2	6	10	2	6	1		2
40	Zr	2	2	6	2	6	10	2	6	2		2
41	Nb	2	2	6	2	6	10	2	6	4		1
42	Mo	2	2	6	2	6	10	2	6	5		1
43	Tc	2	2	6	2	6	10	2	6	6		1
44	Ru	2	2	6	2	6	10	2	6	7		1
45	Rh	2	2	6	2	6	10	2	6	8		1
46	Pd	2	2	6	2	6	10	2	6	10		

第2章 核外電子

表2.3 (続き)

元素		K	L	M	N				O				P			Q
					4s	4p	4d	4f	5s	5p	5d	5f	6s	6p	6d	7s
47	Ag	2	8	18	2	6	10		1							
48	Cd	2	8	18	2	6	10		2							
49	In	2	8	18	2	6	10		2	1						
50	Sn	2	8	18	2	6	10		2	2						
51	Sb	2	8	18	2	6	10		2	3						
52	Te	2	8	18	2	6	10		2	4						
53	I	2	8	18	2	6	10		2	5						
54	Xe	2	8	18	2	6	10		2	6						
55	Cs	2	8	18	2	6	10		2	6			1			
56	Ba	2	8	18	2	6	10		2	6			2			
57	La	2	8	18	2	6	10		2	6	1		2			
58	Ce	2	8	18	2	6	10	1	2	6	1		2			
59	Pr	2	8	18	2	6	10	3	2	6			2			
60	Nd	2	8	18	2	6	10	4	2	6			2			
61	Pm	2	8	18	2	6	10	5	2	6			2			
62	Sm	2	8	18	2	6	10	6	2	6			2			
63	Eu	2	8	18	2	6	10	7	2	6			2			
64	Gd	2	8	18	2	6	10	7	2	6	1		2			
65	Tb	2	8	18	2	6	10	9	2	6			2			
66	Dy	2	8	18	2	6	10	10	2	6			2			
67	Ho	2	8	18	2	6	10	11	2	6			2			
68	Er	2	8	18	2	6	10	12	2	6			2			
69	Tm	2	8	18	2	6	10	13	2	6			2			
70	Yb	2	8	18	2	6	10	14	2	6			2			
71	Lu	2	8	18	2	6	10	14	2	6	1		2			
72	Hf	2	8	18	2	6	10	14	2	6	2		2			
73	Ta	2	8	18	2	6	10	14	2	6	3		2			
74	W	2	8	18	2	6	10	14	2	6	4		2			
75	Re	2	8	18	2	6	10	14	2	6	5		2			
76	Os	2	8	18	2	6	10	14	2	6	6		2			
77	Ir	2	8	18	2	6	10	14	2	6	7		2			
78	Pt	2	8	18	2	6	10	14	2	6	9		1			
79	Au	2	8	18	2	6	10	14	2	6	10		1			
80	Hg	2	8	18	2	6	10	14	2	6	10		2			
81	Tl	2	8	18	2	6	10	14	2	6	10		2	1		
82	Pb	2	8	18	2	6	10	14	2	6	10		2	2		
83	Bi	2	8	18	2	6	10	14	2	6	10		2	3		
84	Po	2	8	18	2	6	10	14	2	6	10		2	4		
85	At	2	8	18	2	6	10	14	2	6	10		2	5		
86	Rn	2	8	18	2	6	10	14	2	6	10		2	6		
87	Fr	2	8	18	2	6	10	14	2	6	10		2	6		1
88	Ra	2	8	18	2	6	10	14	2	6	10		2	6		2
89	Ac	2	8	18	2	6	10	14	2	6	10		2	6	1	2
90	Th	2	8	18	2	6	10	14	2	6	10		2	6	2	2
91	Pa	2	8	18	2	6	10	14	2	6	10	2	2	6	1	2
92	U	2	8	18	2	6	10	14	2	6	10	3	2	6	1	2

2.10　元素の周期律

　元素を原子番号の順に並べていくと，周期的に性質の類似した元素が出現する．このように元素の性質が周期的に変化することを**周期律**（periodic law）という．性質が類似している元素に共通していることは，n が最大である軌道，すなわち，最外殻軌道の電子配置が同じということである．

　性質が類似した元素が同じ縦の列に来るように元素を並べた表が**周期表**（periodic table）である．周期表にはいくつかの形式が知られているが，現在広く用いられているものは，**表2.4** に示した長周期型とよばれるものである．周期表で縦の列を族，横の段を周期という．元素は18の族と7つの周期に分類される．

　1，2族はs軌道，3～12族はd軌道，13～18族はp軌道の充塡に対応する．この周期表の中にはf軌道の充塡に対応する元素が入らないので，これらは欄外に示されている．元素は**典型元素**（representative element）と**遷移元素**（transition element）に分けられる．典型元素は原子がd電子をもたないか，あるいはd軌道が完全に充塡されている元素である．この元素の化合物は一般に無色であって，反磁性を示すことが多い．1～2族と12～18族の元素が典型元素である．これに対して遷移元素は原子またはその陽イオンが不完全に充塡されたd軌道またはf軌道をもつ元素であって，その化合物には有色，常磁性のものが多い．11族元素は中性原子の状態では上位の殻のs電子が下位のd軌道に移ることによってd軌道が完全に充塡されているが，この元素がつくる陽イオンの中にはd軌道の電子が不足しているものがある．従って，3～11族の元素が遷移元素に分類される．

　遷移元素の中で4f軌道に電子が入っていくランタン（$Z=57$）からルテチウム（$Z=71$）までの15元素を**ランタノイド**（lanthanoid）または**ランタニド**（lanthanide），5f軌道に電子が入っていくアクチニウム（$Z=89$）からローレンシウム（$Z=103$）までの15元素を**アクチノイド**（actinoid）または**アクチニド**（actinide）という．これらを総称して**内部遷移元素**（inner transition element）

表 2.4 長周期型周期表（欄内に上から順に元素記号の左肩の数字は原子番号でも与えられていない元素では原子量の質量数の一例を括弧内に示した．）

	1	2	3	4	5	6	7	8	9
1	¹H 水素 1.01								
2	³Li リチウム 6.94	⁴Be ベリリウム 9.01							
3	¹¹Na ナトリウム 22.99	¹²Mg マグネシウム 24.31							
4	¹⁹K カリウム 39.10	²⁰Ca カルシウム 40.08	²¹Sc スカンジウム 44.96	²²Ti チタン 47.87	²³V バナジウム 50.94	²⁴Cr クロム 52.00	²⁵Mn マンガン 54.94	²⁶Fe 鉄 55.85	²⁷Co コバルト 58.93
5	³⁷Rb ルビジウム 85.47	³⁸Sr ストロンチウム 87.62	³⁹Y イットリウム 88.91	⁴⁰Zr ジルコニウム 91.22	⁴¹Nb ニオブ 92.91	⁴²Mo モリブデン 95.96	⁴³Tc テクネチウム (99)	⁴⁴Ru ルテニウム 101.07	⁴⁵Rh ロジウム 102.91
6	⁵⁵Cs セシウム 132.91	⁵⁶Ba バリウム 137.33	57〜71 ランタノイド	⁷²Hf ハフニウム 178.49	⁷³Ta タンタル 180.95	⁷⁴W タングステン 183.84	⁷⁵Re レニウム 186.21	⁷⁶Os オスミウム 190.23	⁷⁷Ir イリジウム 192.22
7	⁸⁷Fr フランシウム (223)	⁸⁸Ra ラジウム (226)	89〜103 アクチノイド						

ランタノイド		⁵⁷La ランタン 138.91	⁵⁸Ce セリウム 140.12	⁵⁹Pr プラセオジム 140.91	⁶⁰Nd ネオジム 144.24	⁶¹Pm プロメチウム (145)	⁶²Sm サマリウム 150.36
アクチノイド		⁸⁹Ac アクチニウム (227)	⁹⁰Th トリウム 232.04	⁹¹Pa プロトアクチニウム 231.04	⁹²U ウラン 238.03	⁹³Np ネプツニウム (237)	⁹⁴Pu プルトニウム (239)

またはf-ブロック元素という．遷移元素の中でf-ブロック元素を除いた残りの元素が主遷移元素またはd-ブロック元素である．

　水素は1族に入れられているが，その性質は同じ族の他の元素（アルカリ金属元素）とは全く異なっている．またヘリウムは他の希ガスとは異なる型の電子配置をもっている．このような形式上の問題はあるものの，周期表は元素をその性質に基づいて分類する上で非常に有用である．

　元素は金属元素と非金属元素に大別される．**金属元素**（metallic element）は

2.10 元素の周期律

元素記号，元素名，原子量を示す．( ) のある原子量は，安定同位体をもたず，原子量の代わりにその元素の放射性同位体の質量数を示す．

			13	14	15	16	17	18
								²He ヘリウム 4.00
			⁵B ホウ素 10.81	⁶C 炭素 12.01	⁷N 窒素 14.01	⁸O 酸素 16.00	⁹F フッ素 19.00	¹⁰Ne ネオン 20.18
			¹³Al アルミニウム 26.98	¹⁴Si ケイ素 28.09	¹⁵P リン 30.97	¹⁶S 硫黄 32.07	¹⁷Cl 塩素 35.45	¹⁸Ar アルゴン 39.95
10	11	12						
²⁸Ni ニッケル 58.69	²⁹Cu 銅 63.55	³⁰Zn 亜鉛 65.38	³¹Ga ガリウム 69.72	³²Ge ゲルマニウム 72.64	³³As ヒ素 74.92	³⁴Se セレン 78.96	³⁵Br 臭素 79.90	³⁶Kr クリプトン 83.80
⁴⁶Pd パラジウム 106.42	⁴⁷Ag 銀 107.87	⁴⁸Cd カドミウム 112.41	⁴⁹In インジウム 114.82	⁵⁰Sn スズ 118.71	⁵¹Sb アンチモン 121.76	⁵²Te テルル 127.60	⁵³I ヨウ素 126.90	⁵⁴Xe キセノン 131.29
⁷⁸Pt 白金 195.08	⁷⁹Au 金 196.97	⁸⁰Hg 水銀 200.59	⁸¹Tl タリウム 204.38	⁸²Pb 鉛 207.2	⁸³Bi ビスマス 208.98	⁸⁴Po ポロニウム (210)	⁸⁵At アスタチン (210)	⁸⁶Rn ラドン (222)

⁶³Eu ユウロピウム 151.96	⁶⁴Gd ガドリニウム 157.25	⁶⁵Tb テルビウム 158.93	⁶⁶Dy ジスプロシウム 162.50	⁶⁷Ho ホルミウム 164.93	⁶⁸Er エルビウム 167.26	⁶⁹Tm ツリウム 168.93	⁷⁰Yb イッテルビウム 173.05	⁷¹Lu ルテチウム 174.97
⁹⁵Am アメリシウム (243)	⁹⁶Cm キュリウム (247)	⁹⁷Bk バークリウム (247)	⁹⁸Cf カリホルニウム (252)	⁹⁹Es アインスタイニウム (252)	¹⁰⁰Fm フェルミウム (257)	¹⁰¹Md メンデレビウム (258)	¹⁰²No ノーベリウム (259)	¹⁰³Lr ローレンシウム (262)

単体が金属としての性質を示す元素である．金属は熱・電気をよく伝え，展延性に富んでいる．また一般に密度が高く，特異的な光沢（金属光沢）をもっている．**非金属元素**（nonmetallic element）は単体が非金属である元素を指す．非金属は金属と異なり，熱・電気を伝えず，固体は展延性に乏しい．金属元素はその英語名の語尾が -ium で終わるものが多い．

金属元素と非金属元素との間にはっきりとした境界があるわけではない．周期表上で同じ周期を族の番号が増加する方向にたどっていくと，典型的な金属

元素から中間的な性質をもった元素を経て非金属元素に移行していることがわかる．金属と非金属の中間の性質をもつ単体のことを**半金属**（semimetal）という．これを**メタロイド**（metalloid）ということもある．周期表の上ではホウ素とアスタチンを結ぶ線が金属と非金属の境界になっている．この境界線の付近にある元素の単体が半金属の性質を示す．このような元素の例としてはホウ素，ケイ素，ゲルマニウム，ヒ素，セレン，アンチモン，ビスマスなどをあげることができる．

2.11 金属の性質

　固体の金属は結晶であって，金属を構成する原子は三次元的な周期性をもって配列している．その配列の仕方は同じ大きさの球で三次元空間を最も密に詰めたときのものである．これを**最密充塡構造**（closest packed structure），または最密構造という．金属中の個々の原子は球とみなすことができる．最密充塡構造には図2.7(a)に示す**六方最密充塡構造**（hexagonal closest packed structure）と(b)に示す**立方最密充塡構造**（cubic closest packed structure）とがある．これらの構造で球が空間を占める割合は74.1％になる．

　これらの最密充塡構造と並んで単体金属によくみられる構造に**体心立方構造**（body-centered cubic structure）がある．その構造を図2.8に示した．最密充塡構造と比較するとやや空隙が多くなり，球が空間を充塡する割合は68.1％となる．アルカリ金属はこの構造をとる元素の例である．

　このように原子が一定の配列をつくるのは原子間に結合力が働いているからである．金属結晶を形成する結合を**金属結合**（metallic bond）という．結合力が大きいほど，原子と原子との間の距離は短くなる．この距離のことを**原子間距離**（interatomic distance）という．

　従って，原子間距離は金属の**硬さ**（hardness）を決定する要因の1つである．最近接原子間の距離の半分を**金属結合半径**（metallic radius）という．この半径が小さい金属ほど硬いことが予想される．アルカリ金属の中では金属結

2.11 金属の性質

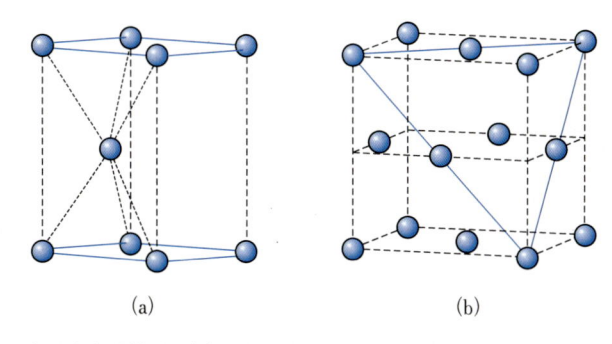

図 2.7 (a) 六方最密充填構造, (b) 立方最密充填構造. どちらの図でも実線で結ばれた原子は同一平面上にあって最も密に配列している.

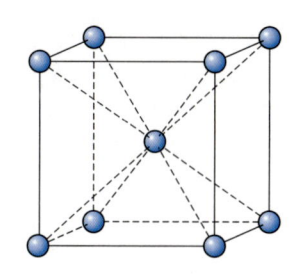

図 2.8 体心立方構造

合半径の最も小さいリチウムが一番硬い. 実際の金属結晶は多くの結晶粒子の集合体であることが多く, その硬さは結晶粒子と結晶粒子の結びつきに支配される. 非常に硬い金属の例にタングステン, ネプツニウム, オスミウム, レニウム, ルテニウムがある. これらはいずれも金属結合半径が小さい元素である.

固体を加熱すると, 温度の上昇とともに原子の熱振動は大きくなり, 融点に達すると各原子は固体であったときに占めていた位置を離れて移動するようになる. 融解した金属では原子の配列の規則性は失われる. このとき特定の原子に着目すると, それと接している原子はたえず入れ替わっている状態にある. 原子間に働く力が大きいほど, 原子がその力に打ち勝って自由に移動するためには, 金属を高温に熱することが必要である. すなわち, 硬い金属ほど融点は高くなる.

金属原子で最外殻の電子数が増加するほど, 金属結合半径は小さくなり, 金

38　第2章　核外電子

表2.5　金属元素の金属結合半径と融点（欄内に上から順に元素記号，金属結合半径/pm，融点/℃を示す．）

	1	2	3	4	5	6	7	8	9	10	11	12	13	14	15	16	17	18
1	1H																	2He
2	3Li 152 180	4Be 111 1278											5B	6C	7N	8O	9F	10Ne
3	11Na 186 98	12Mg 160 649											13Al 143 660	14Si	15P	16S	17Cl	18Ar
4	19K 231 63	20Ca 197 839	21Sc 163 1541	22Ti 145 1660	23V 131 1890	24Cr 125 1857	25Mn 124 1244	26Fe 124 1535	27Co 125 1495	28Ni 125 1453	29Cu 128 1083	30Zn 133 420	31Ga 122 30	32Ge	33As	34Se	35Br	36Kr
5	37Rb 247 40	38Sr 215 769	39Y 178 1522	40Zr 159 1852	41Nb 143 2468	42Mo 136 2620	43Tc 135 2172	44Ru 133 2310	45Rh 135 1963	46Pd 138 1554	47Ag 144 962	48Cd 149 321	49In 163 157	50Sn 141 232	51Sb 145 631	52Te	53I	54Xe
6	55Cs 266 28	56Ba 217 725	57～71 ランタノイド	72Hf 156 2227	73Ta 143 2996	74W 137 3410	75Re 137 3180	76Os 134 3050	77Ir 136 2443	78Pt 139 1769	79Au 144 1064	80Hg 150 −39	81Tl 170 304	82Pb 175 328	83Bi 156 271	84Po	85At	86Rn
7	87Fr — 27	88Ra — 700	89～103 アクチノイド															

ランタノイド	57La 187 921	58Ce 183 799	59Pr 182 931	60Nd 181 1021	61Pm 180 1170	62Sm 179 1077	63Eu 198 822	64Gd 179 1313	65Tb 176 1356	66Dy 175 1412	67Ho 174 1471	68Er 173 1497	69Tm 172 1545	70Yb 194 819	71Lu 172 1663
アクチノイド	89Ac 188 1050	90Th 180 1750	91Pa 161 1552	92U 138 1132	93Np 130 639	94Pu 151 640	95Am 181 1170	96Cm — 1350	97Bk — 986	98Cf — 900	99Es — 860	100Fm	101Md	102No	103Lr

> **COLUMN**
>
> **硝石（硝酸カリウム）の製造**
>
> 　黒色火薬は硝石（塩硝ともいう），硫黄，木炭の混合物で，近代火薬が発明される以前は唯一の火薬であった．わが国に硝石は産出しないので，これを鉄砲と一緒に輸入しなければならなかった．その時代にあって加賀藩では藩内の五箇山で密かにこれを製造していたという記録「五ケ山塩硝出来の次第書上申帳」(1811, 1854年) が残されている．原料は畑土，蚕の糞，ウドに似た草である．土と蚕の糞をよく混ぜて民家の床下に掘った穴の中に入れ，その上に草をのせ，さらに蚕の糞といった具合にサンドイッチ状に積み重ねていく．これを1年間そのままにしておき，その後はときどき切り混ぜながらさらに数年間放置する．この過程で糞の中の有機窒素化合物は分解してアンモニアになり，ここに硝化菌が作用してアンモニアは硝酸塩に変わる．この状態になった土（塩硝土）を取り出し，水で抽出する．溶液を鉄鍋で煮つめ，木灰を加えてさらに濃縮すると粗製の硝酸カリウムが析出する．これを精製して無色の結晶となった上質品を加賀藩に納めていたのであるが，その量は年間 5000 kg にも達したという．交通が不便であった五箇山で硝石を製造したのは，機密保持のためと，燃料の薪の入手が容易であったためと考えられている．

属の融点も上昇するのが普通である（**表 2.5** 参照）．このことは最外殻電子が原子と原子を結び付ける役割を果たしていることを示唆する．

　周期表で同じ周期の1～7族の元素では，原子番号の増加とともに金属結合半径の減少が認められる．とくに3～7族の元素でd軌道の充填が進むにつれて半径が少しずつ減少していることは最外殻電子の他にd電子も金属結合の生成に関与していることを示している．

　同じ族の元素を比較してみると，原子番号の増加とともに金属結合半径が大きくなるのは1族と第4周期以降の2族の元素に限られる．遷移元素ではこのような傾向はみられない．

　金属の特徴としてあげられている展延性は，結晶中の原子面を境にして上の

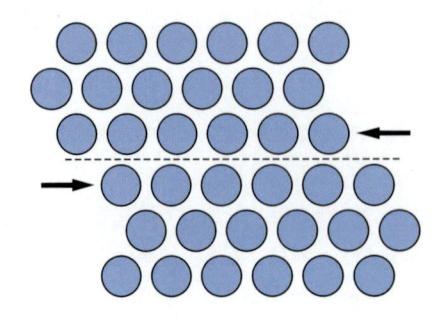

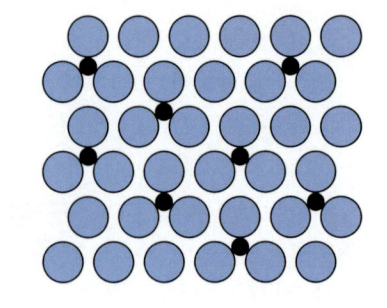

図 2.9 金属結晶中の原子が原子面を境にすべりを起こす.

図 2.10 鉄原子（○）の間に入り込んだ炭素原子（●）が原子面を境にしたすべりの発生を妨げる.

部分と下の部分がすべりを起こす現象である（**図 2.9**）．原子と原子の結びつきが弱いほど金属は軟らかい．しかし純金属が軟らかいときでも，これを合金にすると硬くなることがある．これは大きさの異なる原子が結晶中で共存していると，図 2.9 に示したようなすべりが起こりにくくなるためである．

とくにホウ素，炭素，窒素のような小さい原子が金属原子間の隙間に入り込んで合金をつくるときこの現象が起こる．このような合金を侵入型合金という．よく知られた例に**銑鉄**（pig iron）がある．銑鉄は 3.0～4.5 % の炭素を含む鉄である．銑鉄は硬くて脆いが，これは鉄原子の隙間に小さい炭素原子が入りこんで（**図 2.10**），原子面間のすべりを妨げるからである．

演習問題

［1］バルマー系列の中で最も波長の長いスペクトル線はどれか．その波長を計算せよ．

［2］ナトリウムランプが放射する光（D 線）の波長は 589 nm である．この光のエネルギーを eV と kJ mol^{-1} 単位で求めよ．

［3］式 (2.15) の中の a_0 が 52.9 pm になることを，$\varepsilon_0 h^2 / \pi e^2 m$ に数値を入れて計算して確かめよ．

[4] 水素原子の 1s 電子が核を中心とする半径 a_0 の球の内部に見いだされる確率を求めよ．ただし，
$$\int x^2 e^{ax} dx = e^{ax}\left(\frac{x^2}{a} - \frac{2x}{a^2} + \frac{2}{a^3}\right)$$
を用いよ．[動径分布関数を 0 から a_0 まで積分せよ．]

[5] 水素原子の 1s 電子に対する動径分布関数が最大値をとる半径が a_0 になることを示せ．[動径分布関数を r に関して微分せよ．]

[6] 水素原子の 1s 電子の核からの平均距離が $3a_0/2$ になることを示せ．ただし，
$$\int x^3 e^{ax} dx = e^{ax}\left(\frac{x^3}{a} - \frac{3x^2}{a^2} + \frac{6x}{a^3} - \frac{6}{a^4}\right)$$
を用いよ．[動径分布関数と r の積を 0 から ∞ まで積分せよ．]

[7] 次の語を説明せよ．
 (a) 排他原理
 (b) フントの規則

[8] 次の元素について原子の電子配置を書け．なお p 軌道は p_x, p_y, p_z に分けて示せ．
 (a) 酸素
 (b) 硫黄
 (c) チタン

[9] 表 2.5 を参考にして，低融点，高融点の金属元素が周期表のどの族に含まれるかを調べよ．

[10] 下の表に 20 または 25 °C における金属の密度を示す．これらのデータを用いて金属の密度と融点の関係を議論せよ．

元素	元素記号	密度/g cm^{-3}	元素	元素記号	密度/g cm^{-3}
リチウム	Li	0.534	イリジウム	Ir	22.56
カリウム	K	0.862	オスミウム	Os	22.59
ナトリウム	Na	0.971	白金	Pt	21.45
ルビジウム	Rb	1.532	レニウム	Re	21.02
カルシウム	Ca	1.55	ネプツニウム	Np	20.25
マグネシウム	Mg	1.738	プルトニウム	Pu	19.84
ベリリウム	Be	1.848	金	Au	19.32
セシウム	Cs	1.873	タングステン	W	19.3
ストロンチウム	Sr	2.54	ウラン	U	18.95
アルミニウム	Al	2.6989	タンタル	Ta	16.65

第3章 イオン結合

　イオン結晶はイオンの集合体であって，その中では陽イオンと陰イオンが規則的に配列した構造をもっている．これらのイオンの生成を支配する要因は何か．塩化ナトリウムは身近なイオン結晶の例である．イオン結晶が圧縮されにくいことから考えて，イオンは剛体としての性質をもつ粒子であると推定される．従って，イオンを特徴付ける因子はその電荷と大きさである．電荷と大きさというパラメータを用いるだけで，イオン結晶の性質をどこまで説明できるであろうか．

3.1　イオンの生成

　原子といえば，通例は電荷をもたない粒子を指す．とくにこのような原子を中性原子とよぶことがある．中性原子から電子を取り去ると，正電荷をもった粒子，**陽イオン**（cation）が生成する．中性原子に電子を付け加えると，負電荷をもった粒子，**陰イオン**（anion）が生成する．イオンは原子だけから生成するものではない．分子からもイオンは生成する．分子から生じたイオンのことを**分子イオン**（molecular ion）という．原子または分子が電子を失って陽イオンになること，あるいは電子を取りこんで陰イオンになることを**イオン化**（ionization）という．

　化学の分野で取り扱われるのは，常温常圧下で安定なイオンである．たとえば，カルシウム原子から電子を1個取り去るとCa^+イオンとなるが，常温でこのイオンを大量に生産することはできない．これに対して電子2個を失ったCa^{2+}イオンは安定で多種類の化合物を形成する．

3.2 イオン化エネルギー

基底状態にある中性原子 M を考える．この M から電子 1 個を取り去ったものが M^+ である．M から M^+ が生成する過程がイオン化である．

$$M \longrightarrow M^+ + e^-$$

このとき取り去られる電子は最も取り出しやすい電子（核からの距離が最も遠い電子，従って最外殻にある電子）である．中性原子のイオン化は自発的には進行しない．イオン化を起こさせるには外部からエネルギーを供給する必要がある．このエネルギーのことを**イオン化エネルギー**（ionization energy）または**イオン化ポテンシャル**（ionization potential）という．単位としては電子ボルト（eV）が用いられる．

最初に取り出す電子に対するイオン化エネルギーを第 1 イオン化エネルギーといい，記号 I_1 で表す．2 番目に取り出す電子に対するイオン化エネルギーが第 2 イオン化エネルギー I_2 である．

中性原子 M から電子 2 個を取り去る反応は，

$$M \longrightarrow M^{2+} + 2e^-$$

であり，そのために必要なエネルギーは $I_1 + I_2$ で与えられる．ここで $I_1 < I_2 < I_3 < \cdots$ という関係が成立する．このために価数が大きくなるほど，そのイオンの生成には大量のエネルギーが必要となる．従って，多価単原子陽イオンの例はきわめて少ない．原子のイオン化エネルギーを**表 3.1** に示す．

第 1 イオン化エネルギー I_1 を原子番号の順に並べたものが**図 3.1** である．この図は I_1 が原子番号とともに周期的に変化し，18 族元素（希ガス）のところに極大値，1 族元素（アルカリ金属）のところに極小値があることを示している．

1 族元素の原子にみられる電子配置の特徴は，主量子数 n をもつ軌道が完全に充填された後に，主量子数が $n+1$ であるただ 1 個の s 電子を伴っていることである．内部の軌道にある電子が核の正電荷を効果的に遮蔽しているので，最外殻の s 電子は核から遠いところに存在する．この s 電子を取り去ることは

表 3.1 原子のイオン化エネルギー/eV

Z	元素	I_1	I_2	I_3	I_4	I_5
1	H	13.60				
2	He	24.59	54.42			
3	Li	5.39	75.64	122.45		
4	Be	9.32	18.21	153.89	217.71	
5	B	8.30	25.15	37.93	259.37	340.22
6	C	11.26	24.38	47.89	64.49	392.08
7	N	14.53	29.60	47.45	77.47	97.89
8	O	13.62	35.12	54.93	77.41	113.90
9	F	17.42	34.97	62.71	87.14	114.24
10	Ne	21.56	40.96	63.45	97.11	126.21
11	Na	5.14	47.29	71.64	98.91	138.39
12	Mg	7.65	15.04	80.14	109.24	141.26
13	Al	5.99	18.83	28.45	119.99	153.71
14	Si	8.15	16.35	33.49	45.14	166.77
15	P	10.49	19.73	30.18	51.37	65.02
16	S	10.36	23.33	34.83	47.30	72.68
17	Cl	12.97	23.81	39.61	53.46	67.8
18	Ar	15.76	27.63	40.74	59.81	75.02
19	K	4.34	31.63	45.72	60.91	82.66
20	Ca	6.11	11.87	50.91	67.10	84.41
21	Sc	6.54	12.80	24.76	73.47	91.66
22	Ti	6.82	13.58	27.49	43.27	99.22
23	V	6.74	14.65	29.31	46.71	65.23
24	Cr	6.77	16.50	30.96	49.1	69.3
25	Mn	7.44	15.64	33.67	51.2	72.4
26	Fe	7.87	16.18	30.65	54.8	75.0
27	Co	7.86	17.06	33.50	51.3	79.5
28	Ni	7.64	18.17	35.17	54.9	75.5
29	Cu	7.73	20.29	36.83	55.2	79.9
30	Zn	9.39	17.96	39.72	59.4	82.6
31	Ga	6.00	20.51	30.71	64	
32	Ge	7.90	15.93	34.22	45.71	93.5
33	As	9.81	18.63	28.35	50.13	62.63
34	Se	9.75	21.19	30.82	42.94	68.3
35	Br	11.81	21.8	36	47.3	59.7
36	Kr	14.00	24.36	36.95	52.5	64.7
37	Rb	4.18	27.28	40	52.6	71.0
38	Sr	5.70	11.03	43.6	57	71.6
39	Y	6.38	12.24	20.52	61.8	77.0
40	Zr	6.84	13.13	22.99	34.34	81.5
41	Nb	6.88	14.32	25.04	38.3	50.55
42	Mo	7.10	16.15	27.16	46.4	61.2
43	Tc	7.28	15.26	29.54		
44	Ru	7.37	16.76	28.47		
45	Rh	7.46	18.08	31.06		
46	Pd	8.34	19.43	32.93		
47	Ag	7.58	21.49	34.83		
48	Cd	8.99	16.91	37.48		

3.2 イオン化エネルギー

表 3.1 (続き 1)

Z	元素	I_1	I_2	I_3	I_4	I_5
49	In	5.79	18.87	28.03	54	
50	Sn	7.34	14.63	30.50	40.73	72.28
51	Sb	8.64	16.53	25.3	44.2	56
52	Te	9.01	18.6	27.96	37.41	58.75
53	I	10.45	19.13	33		
54	Xe	12.13	21.21	32.1		
55	Cs	3.89	25.1			
56	Ba	5.21	10.00			
57	La	5.58	11.06	19.18		
58	Ce	5.54	10.85	20.20	36.72	
59	Pr	5.46	10.55	21.62	38.95	57.45
60	Nd	5.53	10.72			
61	Pm	5.58	10.90			
62	Sm	5.64	11.07			
63	Eu	5.67	11.25			
64	Gd	6.15	12.1			
65	Tb	5.86	11.52			
66	Dy	5.94	11.67			
67	Ho	6.02	11.80			
68	Er	6.11	11.93			
69	Tm	6.18	12.05	23.71		
70	Yb	6.25	12.17	25.2		
71	Lu	5.43	13.9			
72	Hf	6.78	14.9	23.3	33.3	
73	Ta	7.40				
74	W	7.60				
75	Re	7.76				
76	Os	8.28				
77	Ir	9.02				
78	Pt	8.61	18.56			
79	Au	9.23	20.5			
80	Hg	10.44	18.76	34.2		
81	Tl	6.11	20.43	29.83		
82	Pb	7.42	15.03	31.94	42.32	68.8
83	Bi	7.29	16.69	25.56	45.3	56.0
84	Po	8.42				
85	At					
86	Rn	10.75				
87	Fr					
88	Ra	5.28	10.15			
89	Ac	5.17	12.1			
90	Th	6.08	11.5	20.0	28.8	
91	Pa	5.89				
92	U	6.19				
93	Np	6.27				
94	Pu	5.8				
95	Am	6.0				

表 3.1 （続き 2）

Z	元素	I_1	I_2	I_3	I_4	I_5
96	Cm	6.09				
97	Bk	6.30				
98	Cf	6.3				
99	Es	6.52				
100	Fm	6.64				
101	Md	6.74				
102	No	6.84				

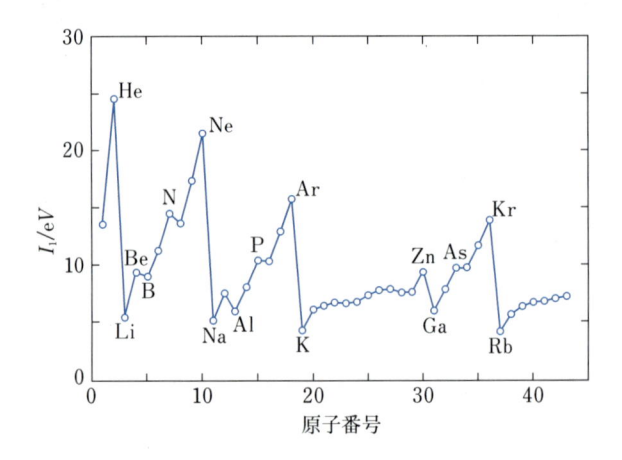

図 3.1　原子の第 1 イオン化エネルギーにみられる周期的変化

容易であるから，1 族元素の原子の I_1 は小さくなる．このような状況は，2 族元素（アルカリ土類金属）にも共通している．2 族元素の原子は 1 族元素の原子に次いで小さい I_1 をもっている．

18 族元素の I_1 が大きいことは，球対称をもった電子配置が安定であり，原子はその対称性を維持しようとする傾向があることを示唆している．ベリリウム原子の電子配置は $(1s)^2(2s)^2$ であって，副殻が完全に充填された状態にある．これを準閉殻とよぶことがある．このときも電子の空間分布は球対称になる．図 3.1 で I_1 の極大値はヘリウム，ベリリウム，ネオンの他，窒素にもみられるが，これも窒素原子中の電子が球対称の空間分布をとるためである．

同じ族の元素について I_1 の変化をみると，原子番号が大きくなるにつれて I_1 は小さくなる傾向がある．周期表で下の方に位置する元素ほど，電子が取

り去られやすいことになる．ここでアルカリ金属と水との反応を考えてみよう．次の反応式が示すように，アルカリ金属は水を分解して水素を発生させるとともに，それ自身は水酸化物に変わる．

$$2M + 2H_2O \longrightarrow 2M^+ + 2OH^- + H_2$$

ここでMはアルカリ金属を表す．この反応にはMが電子を放出してM^+となる過程が含まれている．従って，I_1が小さいアルカリ金属ほど激しく反応することが予想される．アルカリ金属の反応性はLi < Na < K ≃ Rb ≃ Csの順に増大するが，これはI_1の減少にみられる順序と一致している（表3.1参照）．

このようにリチウムはアルカリ金属としては不活性であって，周期表で右斜め下に位置するマグネシウムとの間に化学的類似性が認められる．同様な類似性はベリリウムとアルミニウム，ホウ素とケイ素の組合せにもみられる．この関係を**対角関係**（diagonal relationship）という．

金属によっては，その塊を鋸で切断するときに生じる金属粉末が発火することがある．このような金属の特徴は，イオン化エネルギーが小さく，酸化物をつくりやすいことである．ウランはそのような金属の一例である．原子のイオン化エネルギーの小さい元素は陽イオンになりやすい．このような元素のことを**電気的に陽性**（electropositive）であるという．イオン化エネルギーは原子が陽イオンになる傾向を測る尺度である．

3.3　電子親和力

中性原子に電子を付加することによってもイオンが生成する．このときのイオンは負の電荷をもったイオン，すなわち，陰イオンである．原子をXとすれば，陰イオンの生成は次のように書くことができる．

$$X + e^- \longrightarrow X^-$$

この過程もイオン化である．この反応によって放出されるエネルギーを**電子親和力**（electron affinity）といい，記号E_Aで表す．電子親和力の単位はeVで

表3.2 原子に電子1個が付加したときの電子親和力/eV と生成した陰イオンの電子配置

周期 \ 族	1	2	3	4	5	6	7	8	9	10	11	12	13	14	15	16	17	18
1	^{1}H 0.754 $(1s)^2$																	^{2}He <0
2	^{3}Li 0.618 $(2s)^2$	^{4}Be <0 $(2s)^2(2p)^1$											^{5}B 0.277 $(2p)^2$	^{6}C 1.263 $(2p)^3$	^{7}N −0.07 $(2p)^4$	^{8}O 1.461 $(2p)^5$	^{9}F 3.399 $(2p)^6$	^{10}Ne <0
3	^{11}Na 0.548 $(3s)^2$	^{12}Mg <0 $(3s)^2(3p)^1$											^{13}Al 0.441 $(3p)^2$	^{14}Si 1.385 $(3p)^3$	^{15}P 0.747 $(3p)^4$	^{16}S 2.077 $(3p)^5$	^{17}Cl 3.617 $(3p)^6$	^{18}Ar <0
4	^{19}K 0.501 $(4s)^2$	^{20}Ca <0 $(3d)^1(4s)^2$	^{21}Sc 0.188 $(3d)^2(4s)^2$	^{22}Ti 0.079 $(3d)^3(4s)^2$	^{23}V 0.525 $(3d)^4(4s)^2$	^{24}Cr 0.666 $(3d)^5(4s)^2$	^{25}Mn <0	^{26}Fe 0.163 $(3d)^7(4s)^2$	^{27}Co 0.661 $(3d)^8(4s)^2$	^{28}Ni 1.156 $(3d)^9(4s)^2$	^{29}Cu 1.228 $(3d)^{10}(4s)^2$	^{30}Zn <0 $(4s)^2(4p)^1$	^{31}Ga 0.30 $(4p)^2$	^{32}Ge 1.2 $(4p)^3$	^{33}As 0.81 $(4p)^4$	^{34}Se 2.02 $(4p)^5$	^{35}Br 3.365 $(4p)^6$	^{36}Kr <0
5	^{37}Rb 0.486 $(5s)^2$	^{38}Sr <0 $(4d)^1(5s)^2$	^{39}Y 0.307 $(4d)^2(5s)^2$	^{40}Zr 0.426 $(4d)^3(5s)^2$	^{41}Nb 0.893 $(4d)^4(5s)^2$	^{42}Mo 0.746 $(4d)^5(5s)^2$	^{43}Tc 0.55 $(4d)^6(5s)^2$	^{44}Ru 1.05 $(4d)^7(5s)^2$	^{45}Rh 1.137 $(4d)^8(5s)^2$	^{46}Pd 0.557 $(4d)^9(5s)^2$	^{47}Ag 1.302 $(4d)^{10}(5s)^2$	^{48}Cd <0 $(5s)^2(5p)^1$	^{49}In 0.3 $(5p)^2$	^{50}Sn 1.2 $(5p)^3$	^{51}Sb 1.07 $(5p)^4$	^{52}Te 1.971 $(5p)^5$	^{53}I 3.059 $(5p)^6$	^{54}Xe <0
6	^{55}Cs 0.472 $(6s)^2$	^{56}Ba <0 $(5d)^1(6s)^2$	57〜71 ランタノイド	^{72}Hf ∼0	^{73}Ta 0.322 $(5d)^4(6s)^2$	^{74}W 0.815 $(5d)^5(6s)^2$	^{75}Re 0.15 $(5d)^6(6s)^2$	^{76}Os 1.1 $(5d)^7(6s)^2$	^{77}Ir 1.565 $(5d)^8(6s)^2$	^{78}Pt 2.128 $(5d)^9(6s)^2$	^{79}Au 2.309 $(5d)^{10}(6s)^2$	^{80}Hg <0 $(6s)^2(7s)^1$	^{81}Tl 0.2 $(6p)^2$	^{82}Pb 0.364 $(6p)^3$	^{83}Bi 0.946 $(6p)^4$	^{84}Po 1.9 $(6p)^5$	^{85}At 2.8 $(6p)^6$	^{86}Rn <0
7	^{87}Fr	^{88}Ra	89〜103 アクチノイド															

ランタノイド

^{57}La 0.5 $(4f)^1(6s)^2$	^{58}Ce <0.5 $(4f)^2(6s)^2$	^{59}Pr <0.5 $(4f)^3(6s)^2$	^{60}Nd <0.5 $(4f)^4(6s)^2$	^{61}Pm <0.5 $(4f)^5(6s)^2$	^{62}Sm <0.5 $(4f)^6(6s)^2$	^{63}Eu <0.5 $(4f)^7(6s)^2$	^{64}Gd <0.5 $(4f)^8(6s)^2$	^{65}Tb <0.5 $(4f)^{10}(6s)^2$	^{66}Dy <0.5 $(4f)^{11}(6s)^2$	^{67}Ho <0.5 $(4f)^{12}(6s)^2$	^{68}Er <0.5 $(4f)^{13}(6s)^2$	^{69}Tm <0.5 $(4f)^{14}(6s)^2$	^{70}Yb <0.5 $(5d)^1(6s)^2$	^{71}Lu <0.5 $(5d)^2(6s)^2$

アクチノイド

^{89}Ac	^{90}Th	^{91}Pa	^{92}U	^{93}Np	^{94}Pu	^{95}Am	^{96}Cm	^{97}Bk	^{98}Cf	^{99}Es	^{100}Fm	^{101}Md	^{102}No	^{103}Lr

ある．このときエネルギーの符号は外部への放出を正，外部からの吸収を負と約束する．これは電子親和力を原子と電子との結合エネルギーのようにみなすからであって，それ以外のところで用いられるエネルギーの符号の付け方とは反対であることに注意しなければならない．

多くの原子で，電子1個を付加したときのE_Aは正の値をとる．**表3.2**に電子1個の付加に対する電子親和力の値を示した．17族元素（ハロゲン）の原子は大きなE_Aをもっているが，これはハロゲン原子の電子配置が電子1個を取り込むことで閉殻を完成するからである．同様に16族元素（酸素族）の原子は，電子2個を取り込むことによって閉殻が完成する．最初の1個の電子の取り込みに対するE_Aは正であるが，2個目の電子に対してE_Aは負となる．これは電子1個の付加によって生じた1価陰イオンにさらに電子を付加しようとすると，陰イオンと電子との間に大きな反発力が作用するからである．このために外部からエネルギーを供給しなければX^{2-}は生成しない．

原子の電子親和力が大きい元素は陰イオンを生成しやすい．このような元素のことを**電気的に陰性**（electronegative）であるという．電子親和力は原子が陰イオンになる傾向を測る尺度となる．陽イオンの場合と同様に，陰イオンにおいても多価イオンの生成には大量のエネルギーを必要とする．そのために多価単原子陰イオンの例は稀である．

3.4　単原子イオンの電子配置

　電気的に陽性の元素（アルカリ金属，アルカリ土類金属など）は陽イオンとして，電気的に陰性の元素（ハロゲン，酸素族元素など）は陰イオンとして自然界に存在する．普通にみられる単原子イオンの電子配置には共通した特徴がある．それはこれらのイオンの電子の空間分布が球対称またはそれにきわめて近いことである．

　陰イオンの場合はすべて希ガス型の電子配置をとる．たとえば，F^-, O^{2-}はネオン；Cl^-, S^{2-}はアルゴンと同じ電子配置である．これらの陰イオンの

名称はそれぞれ**フッ化物イオン**（fluoride ion），**酸化物イオン**（oxide ion），**塩化物イオン**（chloride ion），**硫化物イオン**（sulfide ion）である．単原子陰イオンの語尾はすべて"――化物"（-ide）である．H^- は**水素化物イオン**（hydride ion）とよばれる．

陽イオンの場合も原則的には希ガス型，あるいはそれに類似した電子配置をとるが，元素によってはそのような電子配置がとれないために一見複雑な配置をとることもある．陽イオンの名称は，ナトリウムイオン，マグネシウムイオンのように，元素名に"イオン"をつけたものである．

① 希ガス型：典型元素の多くはこの型のイオンをつくる．Li^+，Be^{2+} はヘリウム；Na^+，Mg^{2+}，Al^{3+} はネオンと同じ電子配置である．

② $(d)^{10}$ 型：充填された d 軌道の外側に数個の電子をもった原子がこの型のイオンをつくる．たとえば，亜鉛原子は $(3d)^{10}(4s)^2$ の電子配置をもっているが，4s 電子 2 個を放出して Zn^{2+} をつくる．Zn^{2+} の電子配置は $(3d)^{10}$ である．

d 軌道の形を**図 3.2** に示した．この図からわかるように，d 軌道が完全に充填されると電子全体としては球対称の空間分布となる．しかし，p 軌道と比較すると核電荷を遮蔽する能力は劣る．

③ 不活性電子対型：ガリウム原子の電子配置は $(3d)^{10}(4s)^2(4p)^1$ である．ガリウム原子は，上の例から予想される $(3d)^{10}$ 型の Ga^{3+} の他に，Ga^+ も生成する．このイオンの電子配置は $(3d)^{10}(4s)^2$ である．ここに残された 4s 電子 2

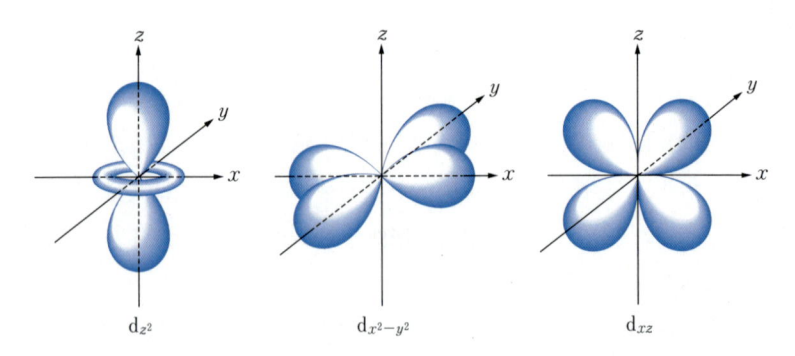

図 3.2 d 電子が見いだされる空間．上に示した軌道の他に d_{xy} と d_{yz} がある．

個を**不活性電子対** (inert pair) という．ガリウムと同族のインジウムとタリウムにも1価と3価の陽イオンがみられる．Ga^{3+} はガリウム(Ⅲ)イオン，Ga^+ はガリウム(Ⅰ)イオンのように表される．この例からわかるように，ある原子が2通り（またはそれ以上）の陽イオンをつくるときは，元素名のあとの括弧内に酸化数を書いて区別する．単原子イオンの酸化数はそのイオンの電荷と同じである．

ゲルマニウム原子の電子配置は $(3d)^{10}(4s)^2(4p)^2$ である．この元素には Ge^{2+} と Ge^{4+} がみられる．同族のスズ，鉛も2価と4価のイオンを与える．これらの2価イオンには不活性電子対が含まれる．

これらの元素はいずれも2通りのイオンをつくるが，どちらか一方がより安定であり，不安定な方のイオンが不活性電子対を含むときは，このイオンは還元剤となる．Sn^{2+} は 5s 電子を放出して Sn^{4+} になる傾向が顕著であるために還元剤として作用する．これに対して，不安定な方のイオンが $(d)^{10}$ 型であれば，外部から電子を取り込んで $(d)^{10}(s)^2$ 型に戻ろうとするので酸化剤として働く．Pb^{4+} はこの型の酸化剤の例である．

④ **不規則型**：遷移元素のイオンにみられる．鉄原子は $(3d)^6(4s)^2$ の電子配置をもっている．この原子は最外殻の 4s 電子2個を失うことで鉄(Ⅱ)イオン Fe^{2+} を生じる．ここでさらに電子1個を失うと鉄(Ⅲ)イオン Fe^{3+} となるが，このイオンの電子配置は $(3d)^5$ である．これは半充填された d 軌道である．完全に充填された軌道ばかりでなく，半充填された軌道も安定であることはすでに述べた (2.9 節参照)．

コバルト原子は鉄原子よりも電子が1個だけ多い．その電子配置は $(3d)^7(4s)^2$ である．普通にみられるコバルトイオンは Co^{2+} である．鉄では Fe^{2+} と Fe^{3+} が同程度に安定であるのに対し，コバルトではほとんどの3価化合物は錯体であって，Co^{3+} が遊離の状態で存在する例としてはフッ化コバルト(Ⅲ) CoF_3 などがあるが，その例は多くはない．Co^{3+} は強力な酸化剤である．このことは Co^{3+} と比較して Co^{2+} が安定であることを意味している．

コバルトでも電子4個を放出すれば，安定な電子配置 $(3d)^5$ をとることが

できるが，その過程には大量のエネルギーが必要である．このイオン化が起こることはきわめて困難であって，そのためにコバルト(IV)化合物は稀である．

遷移元素は例外的な酸化数をもった化合物をつくる．コバルト(IV)もその一例である．ニッケルの精製に用いられる揮発性のテトラカルボニルニッケル$Ni(CO)_4$ は 0 価のニッケル化合物である．これらのような例外的な酸化数のことを**異常酸化数**（abnormal oxidation number）という．

3.5　イオン半径

塩化ナトリウムの結晶は規則的に配列した Na^+ と Cl^- から構成されている．陽イオンと陰イオンを結び付けている力はクーロン力であり，クーロン力で生成した結合が**イオン結合**（ionic bond）である．ハロゲン化アルカリに代表される，イオン結合から形成された結晶を**イオン結晶**（ionic crystal）という．

イオン結晶を加圧してもほとんど圧縮されない．イオンの電子は球対称に分布していることから，イオン結晶は剛体の球の集合体とみることができる．陽イオンと陰イオンがある距離まで接近すると，それぞれのイオンの最外殻電子がたがいに反発するために，それ以上は近づけない．そのために陽イオンと陰イオンはそれぞれ固有の半径をもった球のように振る舞うのである．この球の半径のことを**イオン半径**（ionic radius）という．陽イオンと陰イオンが接しているとき，これらの原子間距離は両者のイオン半径の和である．

イオン半径は**配位数**（coordination number）によっても多少異なる．イオン結晶における配位数とは，あるイオンに隣接する異符号のイオンの数である．ハロゲン化アルカリの結晶では配位数 6 が普通である．

酸素はほとんどの元素と結合して酸化物をつくる．酸化物の原子間距離を正確に測定し，酸化物イオン O^{2-} にある半径を与えれば，酸化物をつくる相手のイオンの半径を求めることができる．配位数 6 の O^{2-} の半径は 140 pm と仮定されている．

表 3.3 に主なイオンの半径を示した．表が示すように，同じイオンが複数通

3.5 イオン半径

表 3.3 イオン半径の表* . 元素記号の右肩の数字はイオン価（または酸化数），その下の数値はイオン半径/pm，その後の括弧に入ったローマ数字は配位数を示す.

族	1	2	3	4	5	6	7	8	9	10	11	12	13	14	15	16	17	18
1	H^+ $-8(I)$ $-18(II)$																	He
2	Li^+ 74(VI)	Be^{2+} 27(IV) 35(VI)											B^{3+} 2(III) 12(IV)	C^{4+} -8(III)	N^{3-} 146(IV) N^{5+} -12(III)	O^{2-} 136(III) 140(IV) 142(VIII)	F^- 130(III) 133(VI)	Ne
3	Na^+ 102(VI)	Mg^{2+} 72.0(VI)											Al^{3+} 39(IV) 53.0(VI)	Si^{4+} 26(IV) 40.0(VI)	P^{5+} 17(IV)	S^{2-} 184(VI) S^{6+} 12(VI)	Cl^- 181(VI) Cl^{7+} 8(VI)	Ar
4	K^+ 138(VI) 151(VIII)	Ca^{2+} 100(VI) 112(VIII)	Sc^{3+} 74.5(VI) 87(VIII)	Ti^{4+} 60.5(VI)	V^{5+} 64.0(VI)	Cr^{3+} 61.5(VI) Cr^{6+} 30(IV)	Mn^{2+} 83.0(VI) Mn^{3+} 64.5(VI)	Fe^{2+} 78.0(VI) Fe^{3+} 49(IV) 64.5(VI)	Co^{2+} 74.5(VI) Co^{3+} 61(VI)	Ni^{2+} 69.0(VI)	Cu^+ 62(VI) Cu^{2+} 73(VI)	Zn^{2+} 60(IV) 75.0(VI)	Ga^{3+} 47(IV) 62.0(VI)	Ge^{4+} 40(IV) 54.0(VI)	As^{3+} 58(VI) As^{5+} 33.5(IV)	Se^{2-} 198(VI) Se^{6+} 29(VI)	Br^- 196(VI) Br^{7+} 26(VI)	Kr
5	Rb^+ 152(VI)	Sr^{2+} 113(VI) 125(VIII)	Y^{3+} 90.0(VI) 101.5(VIII)	Zr^{4+} 72(VI) 84(VIII)	Nb^{5+} 60(VI)	Mo^{6+} 60(VI)	Tc^{4+} 64(VI)	Ru^{3+} 68(VI) Ru^{4+} 62.0(VI)	Rh^{3+} 66.5(VI) Rh^{4+} 61.5(VI)	Pd^{2+} 86(VI) Pd^{4+} 62(VI)	Ag^+ 115(VI) 130(VIII)	Cd^{2+} 80(IV) 95(VI)	In^{3+} 80.0(VI)	Sn^{4+} 69(VI)	Sb^{5+} 61(IV)	Te^{4+} 97(VI) Te^{6+} 56(VI)	I^- 220(VI) I^{7+} 53(VI)	$^{54}Xe^{8+}$ 40(IV) 48(VI)
6	Cs^+ 170(VI)	Ba^{2+} 136(VI) 142(VIII)	ランタノイド	Hf^{4+} 71(VI) 83(VIII)	Ta^{5+} 64(VI)	W^{6+} 60(VI)	Re^{4+} 63(VI)	Os^{4+} 63.0(VI)	Ir^{4+} 63(VI)	Pt^{4+} 63(VI)	Au^+ 137(VI)	Hg^{2+} 96(IV)	Tl^+ 150(VI)	Pb^{2+} 118(VI) Pb^{4+} 77.5(VI)	Bi^{3+} 102(VI)	Po^{4+} 94(VI) 108(VIII)	At^{7+} 62(VI)	Rn
7	Fr^+ 180(VI)	Ra^{2+} 143(VI) 148(VIII)	アクチノイド															

ランタノイド	La^{3+} 104.5(VI) 116.0(VIII)	Ce^{3+} 101(VI) 114.3(VIII)	Pr^{3+} 99.7(VI) 112.6(VIII)	Nd^{3+} 98.3(VI) 110.9(VIII)	Pm^{3+} 97(VI) 109.3(VIII)	Sm^{3+} 95.8(VI) 107.9(VIII)	Eu^{2+} 117(VI) Eu^{3+} 94.7(VI) 106.6(VIII)	Gd^{3+} 93.8(VI) 105.3(VIII)	Tb^{3+} 92.3(VI) 104.0(VIII)	Dy^{3+} 91.2(VI) 102.7(VIII)	Ho^{3+} 90.1(VI) 101.5(VIII)	Er^{3+} 89.0(VI) 100.4(VIII)	Tm^{3+} 88.0(VI) 99.4(VIII)	Yb^{2+} 102(VI) Yb^{3+} 86.8(VI) 98.5(VIII)	Lu^{3+} 86.1(VI) 97.7(VIII)
アクチノイド	Ac^{3+} 118(VI)	Th^{4+} 100(VI) 104(VIII)	Pa^{5+} 78(VI) 91(VIII)	U^{4+} 97(VI) 100(VIII) U^{6+} 73(VI)	Np^{5+} 75(VI)	Pu^{3+} 86(VI)	Am^{2+} 126(VI) Am^{3+} 100(VI)	Cm^{3+} 98(VI)	Bk^{3+} 96(VI)	Cf^{3+} 95(VI)	Es	Fm	Md	No	Lr

* 松井義人，岩波講座 地球科学 4 巻，地球の物質科学 III (1979) による.

りの配位数をとるときは配位数が大きいほどイオン半径も大きくなる．

配位数6のO^{2-}の半径を126 pmとして他のイオンの半径を算出したデータもある．この場合は表3.3に示した値よりも陽イオンは14 pm大きく，陰イオンは14 pm小さくなる．この方が実際のイオン半径に近いという．

イオン半径には次のような規則性が認められる．ただし，これは原則として同じ配位数に対するイオン半径を比較したものである．

① 同族の元素がつくる同じ価数のイオンについてみると，原子番号が大きくなるほど半径は大きくなる．たとえば，

$$Li^+ < Na^+ < K^+ < Rb^+ < Cs^+$$

$$F^- < Cl^- < Br^- < I^-$$

② 同じ周期の元素がつくる同じ電子配置をもったイオンでは，原子番号の増加とともに半径は減少する．

$$Na^+ > Mg^{2+} > Al^{3+}$$

③ 同じ元素が2種類以上のイオンをつくるとき，イオンの価数が大きいほど半径は小さくなる．

$$Mn^{2+} > Mn^{3+} > Mn^{4+}$$

④ ランタノイド（4f軌道が充填されるランタンからルテチウムまでの15元素）の3価陽イオンの半径は原子番号の増加とともに減少する．これは原子番号の増加によって増えた電子が内部に位置するf軌道に入るためである．f軌道の電子は核の正電荷を遮蔽する効果が小さいので，最外殻電子は核に強く引かれ，イオン半径が減少するのである．この現象は金属結合半径にもみられる．イオン半径，金属結合半径にみられる収縮を**ランタノイド収縮**（lanthanoid contraction）という．

ランタノイド収縮のため，4～6族の元素では第5周期と第6周期の元素のイオン半径がほとんど同じになる．4族のZr^{4+}-Hf^{4+}，5族のNb^{5+}-Ta^{5+}，6族のMo^{6+}-W^{6+}がその例である．この中でもジルコニウムとハフニウムの化学的類似性は顕著であって，天然のジルコニウム鉱物は常に少量のハフニウムを伴っている．これはZr^{4+}とHf^{4+}のイオン半径に差がないために，結晶中の

Zr^{4+} を Hf^{4+} が自由に置換するためである．

3.6　ハロゲン化アルカリの結晶構造

　ハロゲン化アルカリは一般式 AX によって表される．陽イオン A$^+$ と陰イオン X$^-$ の半径比によって，陽イオン，陰イオンの配位数は 8:8, 6:6, 4:4 の 3 通りの可能性がある．このような簡単な化合物では A$^+$ と X$^-$ がたがいに接しているとみてよい．

　塩化セシウム結晶中の Cs$^+$ は立方体の頂点に位置する 8 個の Cl$^-$ と接している．Cl$^-$ もまた 8 個の Cs$^+$ によって囲まれている．このような構造 (図 3.3) を**塩化セシウム型構造** (cesium chloride structure) とよんでいる．立方体の頂点に位置する 8 個の X$^-$ がたがいに接しているとき，これらに内接する A$^+$ の大きさは塩化セシウム型構造に許容される最小の A$^+$/X$^-$ 半径比を与える．

　立方体の中心と 4 つの頂点を通る平面で，立方体を 2 つに分けた断面を図 3.4 に示した．X$^-$ の半径を 1，A$^+$ の半径を x とすれば，

$$(1+1)^2 + (2\sqrt{2})^2 = (2+2x)^2$$

$$x = \sqrt{3} - 1 = 0.73$$

A$^+$ が同時に 8 個の X$^-$ と接するためには，A$^+$ の半径は X$^-$ の半径の 0.73 倍

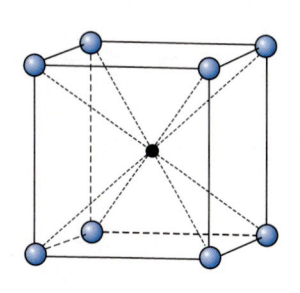

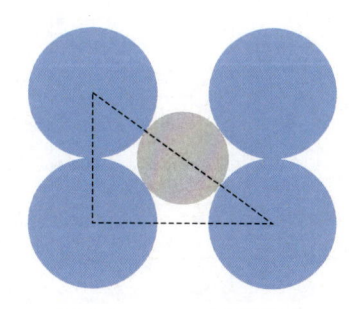

図 3.3　塩化セシウム型構造．○は Cl$^-$，●は Cs$^+$ を表す．

図 3.4　塩化セシウム型構造で，X$^-$ (○) がたがいに接しているとき，これらに内接する A$^+$ (○) の半径を求めるための図

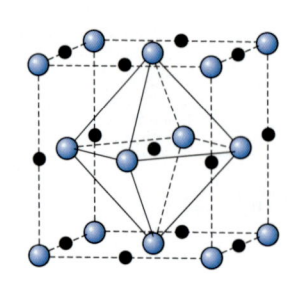

図 3.5 塩化ナトリウム型構造. ◯はCl⁻, ●はNa⁺を表す.

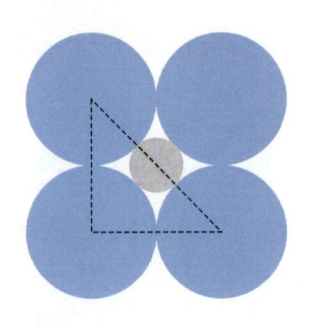

図 3.6 塩化ナトリウム型構造で, X⁻ (◯) がたがいに接しているとき, これらに内接する A⁺ (◯) の半径を求めるための図

に等しいか, あるいはそれ以上でなければならない. それよりも半径が小さいと, A^+ は 8 個の X^- がつくる空間の中を自由に移動できることになる.

A^+ と X^- の半径比が 0.73 よりも小さいときは, **図 3.5** に示した配位数が 6:6 の**塩化ナトリウム型構造** (sodium chloride structure) をとる. これは正八面体の頂点に位置する 6 個の X^- (または A^+) に A^+ (または X^-) が内接した構造である. このとき A^+ の許容される半径の下限値 x は, X^- の半径を 1 とすれば (**図 3.6**),

$$\sqrt{2}(1+x) = 2$$
$$x = \sqrt{2} - 1 = 0.41$$

従って, 半径比が 0.41〜0.73 であるとき, イオン結晶 AX は塩化ナトリウム型構造をとる. 半径比が 0.41 よりも小さいときは, 図 3.7 に示した配位数が 4:4 の**セン亜鉛鉱型構造** (zincblende structure) をとる. これは正四面体の頂点に位置する 4 個の X^- に A^+ が内接したもので, X^- の半径を 1 とすれば, A^+ に許容される半径の下限値 x は次式で与えられる.

$$x = \frac{1}{2}\sqrt{6} - 1 = 0.23$$

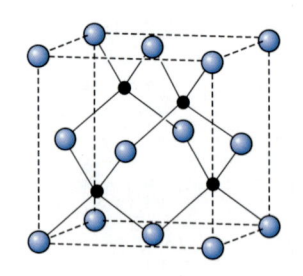

図 3.7 セン亜鉛鉱 (ZnS) 型構造. ◯は S^{2-}, ●は Zn^{2+} を表す.

すなわち，イオン結晶 AX がセン亜鉛鉱型構造をとるためには，その半径比は 0.23〜0.41 でなければならない．アルカリ金属のハロゲン化物でこの構造をとるものは存在しない．

半径比から予想されるものとは異なる構造をとる例がいくつか知られている．半径比からみると塩化カリウム，塩化ルビジウムは塩化セシウム型であるが，現実には塩化ナトリウム型構造である．このような例外はあるが，半径比は構造の予測手段として有効である．

高温または高圧条件下では，配位数が常温常圧でみられるものとは異なる場合がある．たとえば，塩化セシウムは高温では塩化ナトリウム型に変化する．このように，高温では配位数は減少する．また高圧下では，配位数は増加する．ルビジウムの塩化物，臭化物，ヨウ化物は常圧下では塩化ナトリウム型であるが，高圧下では塩化セシウム型に移行する．

半径比の関係はハロゲン化アルカリばかりでなく，2価の陽イオン，陰イオンからなる AX 型化合物，たとえば，アルカリ土類金属の酸化物，硫化物などにも適用される．

3.7 格子エネルギー

イオン結晶 1 mol を個々のイオンに分解するのに必要なエネルギーが**格子エネルギー**（lattice energy）であって，記号 U で表される．格子エネルギーは**ボ**

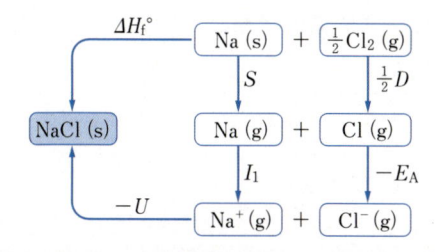

図 3.8 塩化ナトリウムの生成に対するボルン–ハーバーサイクル．原子，分子，イオンの元素記号の後の (s)，(g) はそれぞれ固体，気体を表す．

ルン-ハーバーサイクル（Born-Haber cycle）によって求めることができる．**図3.8**は塩化ナトリウムについてのサイクルの例である．

図が示すように，U は 1 mol のナトリウムと 1/2 mol の塩素から 1 mol の塩化ナトリウムの結晶を生成するときの生成熱 ΔH_f°，ナトリウムの昇華熱 S とイオン化エネルギー I_1，塩素の解離エネルギー D と電子親和力 E_A から計算することができる．

$$\begin{aligned} U &= -\Delta H_f^\circ + S + I_1 + \frac{1}{2}D - E_A \\ &= 411 + 89 + 496 + 120 - 349 \\ &= 767 \text{ kJ mol}^{-1} \end{aligned} \quad (3.1)$$

これとは独立に，Na^+ と Cl^- の間に働くクーロン力から U を計算することもできる．1 mol ずつの Na^+ と Cl^- が原子間距離 r をもつ塩化ナトリウム型結晶を生成したとすれば，格子エネルギー U は次式で与えられる．

$$U = N_A \frac{Ae^2}{4\pi\varepsilon_0 r}\left(1 - \frac{1}{n}\right) \quad (3.2)$$

ここで N_A はアボガドロ定数，A は**マーデルング定数**（Madelung constant），e は電気素量，ε_0 は真空の誘電率であり，n は斥力に対する補正を与える値である．マーデルング定数は構造によって異なる（**表3.4**）．塩化ナトリウムでは $A = 1.748$，$n = 9$ である．この値を式（3.2）に代入すると，$U = 766$ kJ mol^{-1} が得られる．この値は式（3.1）の結果とよく一致している．

格子エネルギーはイオン結晶中のイオンを相互に引き離す過程，たとえば，融解あるいは水への溶解と関係付けることができる．金属のところ（2.11 節）で述べたように，結晶中のイオンは一定の位置で熱振動をしているが，熱振動は温度の上昇とともに激しくなり，融点に達するとイオン間の引力に打ち勝って，自由に移動するようになる．この現象が融解である．

格子エネルギーが大きいほど，イオン間に作用する力は大きく，融点は高くなる．格子

表3.4 マーデルング定数

構　造	A
塩化セシウム型	1.763
塩化ナトリウム型	1.748
セン亜鉛鉱型	1.638

エネルギーは陽イオンと陰イオンの電荷の積に比例するので，2価イオンからなる結晶では U は式(3.2)で e の代わりに $2e$ とおいたものになり，r が同じであれば，1価イオンの結晶に対する U の4倍となる．酸化マグネシウム MgO ($U = 3760\,\mathrm{kJ\,mol^{-1}}$) は融点が 2826℃と高く，耐火物として重要である．

3.8 電気陰性度

イオン結合といっても，電気的に陽性の原子から陰性の原子へと電子が完全に移行するわけではない．この電子はいくらかはもとの原子の方に引き戻された状態にある．その程度は結合をつくっているそれぞれの原子が電子を自分の方に引き付ける傾向に支配される．この傾向を相対的な数値で表したものが**電気陰性度**（electronegativity）である．電気陰性度が大きい原子ほど陰イオンになりやすく，反対にこれが小さい原子ほど陽イオンをつくりやすい．

陰イオンになりやすさの尺度は電子親和力 E_A であり，陽イオンになりやすさの尺度はイオン化エネルギー I である．陽イオンになる原子は E_A, I がともに小さく，陰イオンになる原子は E_A, I がともに大きい．この2つの尺度を1つにまとめたものが電気陰性度である．電気陰性度は結合の解離エネルギーに基づいて Pauling（ポーリング）が最初に提案した尺度である．その後，Pauling とは異なる考え方でいくつかの電気陰性度の尺度が導かれた．その1つである Mulliken（マリケン）の尺度は，原子の第1イオン化エネルギー I_1 と電子親和力 E_A の和を2で割ったものである．それぞれの単位は eV である．電気陰性度を x とすれば，

$$x = \frac{1}{2}(I_1 + E_\mathrm{A}) \tag{3.3}$$

マリケンの電気陰性度の値を 2.8 で割ると，ポーリングが与えた尺度に近い値となる．電気的に陰性な元素ほど電気陰性度が大きい値となる．表 3.5 にポーリングとマリケンの電気陰性度を示した（2つある数字の上がポーリング，下

表 3.5 電気陰性度の表（上がポーリング，下がマリケンの値）*

	1	2	3	4	5	6	7	8	9	10	11	12	13	14	15	16	17	18
1	¹H 2.20 / 7.18																	²He - / (12.3)
2	³Li 0.98 / 3.01	⁴Be 1.57 / 4.9											⁵B 2.04 / 4.29	⁶C 2.55 / 6.27	⁷N 3.04 / 7.30	⁸O 3.44 / 7.54	⁹F 3.98 / 10.41	¹⁰Ne - / (10.6)
3	¹¹Na 0.93 / 2.85	¹²Mg 1.31 / 3.75											¹³Al 1.61 / 3.23	¹⁴Si 1.90 / 4.77	¹⁵P 2.19 / 5.62	¹⁶S 2.58 / 6.22	¹⁷Cl 3.16 / 8.30	¹⁸Ar - / (7.70)
4	¹⁹K 0.82 / 2.42	²⁰Ca 1.00 / 2.2	²¹Sc 1.36 / 3.34	²²Ti 1.54 / 3.45	²³V 1.63 / 3.6	²⁴Cr 1.66 / 3.72	²⁵Mn 1.55 / 3.72	²⁶Fe 1.83 / 4.06	²⁷Co 1.88 / 4.3	²⁸Ni 1.91 / 4.40	²⁹Cu 1.90 / 4.48	³⁰Zn 1.65 / 4.45	³¹Ga 1.81 / 3.2	³²Ge 2.01 / 4.6	³³As 2.18 / 5.3	³⁴Se 2.55 / 5.89	³⁵Br 2.96 / 7.59	³⁶Kr - / (6.8)
5	³⁷Rb 0.82 / 2.34	³⁸Sr 0.95 / 2.0	³⁹Y 1.22 / 3.19	⁴⁰Zr 1.33 / 3.64	⁴¹Nb 1.6 / 4.0	⁴²Mo 2.16 / 3.9	⁴³Tc 1.9 / 3.91	⁴⁴Ru 2.2 / 4.5	⁴⁵Rh 2.28 / 4.30	⁴⁶Pd 2.20 / 4.45	⁴⁷Ag 1.93 / 4.44	⁴⁸Cd 1.69 / 4.33	⁴⁹In 1.78 / 3.1	⁵⁰Sn 1.96 / 4.30	⁵¹Sb 2.05 / 4.85	⁵²Te 2.1 / 5.49	⁵³I 2.66 / 6.76	⁵⁴Xe 2.6 / 5.85
6	⁵⁵Cs 0.79 / 2.18	⁵⁶Ba 0.89 / 2.4	57〜71 ランタノイド	⁷²Hf 1.3 / 3.8	⁷³Ta 1.5 / 4.11	⁷⁴W 2.36 / 4.40	⁷⁵Re 1.9 / 4.02	⁷⁶Os 2.2 / 4.9	⁷⁷Ir 2.20 / 5.4	⁷⁸Pt 2.28 / 5.6	⁷⁹Au 2.54 / 5.77	⁸⁰Hg 2.00 / 4.91	⁸¹Tl 1.62 / 3.2	⁸²Pb 2.33 / 3.90	⁸³Bi 2.02 / 4.69	⁸⁴Po 2.0 / 5.16	⁸⁵At 2.2 / 6.2	⁸⁶Rn - / 5.1
7	⁸⁷Fr 0.7 / -	⁸⁸Ra 0.89 / -	89〜103 アクチノイド															

ランタノイド	⁵⁷La 1.10 / 3.1	⁵⁸Ce 1.12 / ≤3.0	⁵⁹Pr 1.13 / ≤3.0	⁶⁰Nd 1.14 / ≤3.0	⁶¹Pm - / ≤3.0	⁶²Sm 1.17 / ≤3.1	⁶³Eu - / -	⁶⁴Gd 1.20 / ≤3.3	⁶⁵Tb - / ≤3.2	⁶⁶Dy 1.22 / -	⁶⁷Ho 1.23 / ≤3.3	⁶⁸Er 1.24 / ≤3.3	⁶⁹Tm 1.25 / ≤3.4	⁷⁰Yb - / ≤3.5	⁷¹Lu 1.27 / ≤3.0
アクチノイド	⁸⁹Ac 1.1 / -	⁹⁰Th 1.3 / -	⁹¹Pa 1.5 / -	⁹²U 1.38 / -	⁹³Np 1.36 / -	⁹⁴Pu 1.28 / -	⁹⁵Am 1.3 / -	⁹⁶Cm 1.3 / -	⁹⁷Bk 1.3 / -	⁹⁸Cf 1.3 / -	⁹⁹Es 1.3 / -	¹⁰⁰Fm 1.3 / -	¹⁰¹Md 1.3 / -	¹⁰²No 1.3 / -	¹⁰³Lr 1.3 / -

* J. Emsley, The Elements, 2nd Ed., Oxford Univ. Press (1991) のデータに基づいて作成．

COLUMN
温泉水から沈殿した炭酸カルシウム

中性から弱アルカリ性の温泉に生成している湯の華のほとんどは，石灰華（せっかいか）とよばれる炭酸カルシウムを主成分とする沈殿物である．その結晶には方解石とあられ石という2つの異なる構造がある．方解石型の石灰華にはマンガン(II)が濃縮されている．量が少ないうちは，マンガン(II)イオンは構造中でカルシウムイオンを無秩序に置換している．この状態を化学式で表せば(Ca, Mn)CO_3となる．このような石灰華には，マンガン(II)が含まれないものと比較してストロンチウムイオンがやや多く含まれている．この現象はマンガン(II)，カルシウム，ストロンチウムのイオン半径（表3.3参照）から説明することができる．マンガン(II)イオンはカルシウムイオンよりも20％近くも小さく，そのために置換が起こるとその周辺ではイオンの配列に乱れを生じる．結晶は乱れのない配列を好むので，カルシウムイオンよりも大きいイオンを取り込むことで，置換によって発生した体積の減少を打ち消すのである．ただし，大きければどのようなイオンでもよいというわけではなく，そこには最適の大きさがある．この例で最適の大きさをもつイオンがストロンチウムイオンなのである．結晶中の不純物は結晶の構造的特性についての情報提供者である．

がマリケンの値である）．

結合をつくる2個の原子の電気陰性度の差が大きいほど，電子は一方の原子から他方の原子に移行する．従って，その結合はイオン性になる．ポーリングの尺度で電気陰性度の差が2以上あれば，その結合はイオン性と考えてよい．電気陰性度の差が小さいにもかかわらず，結合が生成しているときは，その結合はイオン結合ではなく，次章で述べる共有結合である．

電気陰性度は原子の酸化数によっても変化する．酸化数が大きくなるほど，原子が電子を引き付ける力は強くなる．そのために高い酸化数をもった原子がつくる結合は共有結合性であることが多い．塩化鉛(II)と塩化鉛(IV)にみられるPb–Cl結合は，前者がイオン性，後者が共有結合性である．

演習問題

[1] 次の語を説明せよ．
　(a) 対角関係
　(b) 不活性電子対

[2] 中性原子が 2 価陽イオンをつくるときのイオン化エネルギー ($I_1 + I_2$) を計算し，図 3.1 と同様な図を作成せよ．

[3] 次の電子配置をもつ原子がつくる化学的に安定な単原子イオンは陽イオンか，それとも陰イオンか．イオン価とともに示せ．
　(a) $(1s)^2$
　(b) $(1s)^2(2s)^2(2p)^5$
　(c) $[Ne](3s)^2$
　(d) $[Ar](3d)^6(4s)^2$
　(e) $[Ar](3d)^{10}(4s)^2(4p)^1$

[4] ハロゲン化ナトリウムの融点は NaF，NaCl，NaBr，NaI の順に低下する．その理由を考えよ．

[5] 常温常圧下での塩化カリウム結晶の密度は 1.98 g cm^{-3} である．結晶中でたがいに接しているカリウムイオンと塩化物イオンの原子間距離を求めよ．

[6] 塩化セシウム結晶は常温では塩化セシウム型構造をとり，その密度は 3.97 g cm^{-3} である．これを加熱すると 445 ℃ で塩化ナトリウム型構造に変化する．この構造変化（相転移）に伴うイオン半径の変化を無視すれば，塩化ナトリウム型構造をとる塩化セシウムの密度はいくらになるか．

[7] イオン対 Na^+Cl^- を加熱すると解離が起こるが，このときイオンの Na^+ と Cl^- に解離する場合と中性原子の Na と Cl に解離する場合が考えられる．エネルギー的にみてどちらの過程が有利か．

[8] 1 価陰イオンの半径を 100 pm と仮定する．このイオンが 1 価陽イオンとイオン結晶をつくるとき，その格子エネルギーを陽イオンの半径の関数として示せ．格子エネルギーは式 (3.2) で $n = 9$ として計算せよ．

[9] ネオンと塩素が反応して，それぞれ 1 価の陽イオンと陰イオンになり，塩化ナトリウム型の NeCl 結晶をつくるためには，原子間距離はいくら以下でなければならないか．［反応が進行するための条件は $\Delta H_\text{f}^\circ < 0$ である．この条件を式

(3.1) に代入すればよい．ネオンは常温常圧下で気体であるから，$S = 0$ である．]

[10] ある元素の第1イオン化エネルギーは $13.60\,\text{eV}$，電子親和力は $0.75\,\text{eV}$ である．

(a) この元素に対するマリケンの電気陰性度の値はいくらか．

(b) この値をポーリングの尺度で表すとおよそいくらになるか．

(c) この元素がヨウ素とつくる結合はイオン性か．

第4章 共有結合

化学結合においてイオン結合と対比される結合が共有結合である．共有結合は原子間で電子を共有することで生成する結合である．イオン結合同様に，原子間距離が短いほど結合は強くなる．共有結合の特徴は方向性をもっていることである．そのために3個以上の原子からなる分子は，それぞれ一定の形をもっている．たとえば，NH_4^+ は正四面体型である．このような分子の形がどのようにして導かれたかを共有結合性分子の中の電子の空間分布と関係付けて考察する．

4.1 古典的結合論

原子が何個か結合して集合体をつくるとき，この集合体を**分子**（molecule）という．原子の数が少ない分子は常温常圧下で気体として存在することが多い．空気中の窒素，酸素，二酸化炭素などがこの例に属する．分子間に強い力が作用するときは，液体または固体となる．

希ガス元素は他の原子と結合をつくらないので，原子がそのまま分子となる．このような分子のことを単原子分子という．このほか水銀の蒸気も単原子分子から構成されている．常温で多原子分子をつくる元素でも，高温に加熱すると単原子分子になる．

二原子分子は同種の原子からなる**等核二原子分子**（homonuclear diatomic molecule）と異種の原子からなる**異核二原子分子**（heteronuclear diatomic molecule）に分類される．水素 H_2，窒素 N_2 は前者の例，一酸化炭素 CO，フッ化水素 HF は後者の例である．

水素原子の基底状態は $(1s)^1$ で示される．2個の水素原子が接近すると，そ

れぞれの 1s 電子の分布する空間が重なり合う．これを軌道の重なりということもできる．このために水素分子 H_2 では，どちらの原子も 2 個の電子をもった状態，すなわち，ヘリウム原子と同じ電子配置（閉殻）をもつことになる（図 4.1）．フッ化水素 HF では水素原子の 1s 電子とフッ素原子の 2p 電子の分布する空間が重なり合

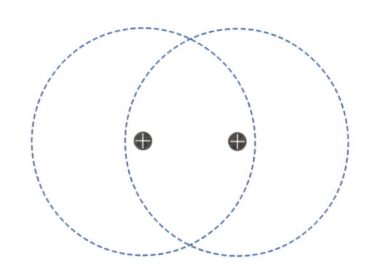

図 4.1 2 個の水素原子の接近による水素分子 H_2 の生成

い，どちらの原子も相手側からの電子を共有することで閉殻を完成する．このように 2 個の原子が電子を共有することで生成する結合を**共有結合**（covalent bond）という．

以上の事実と希ガス元素が他の原子と結合しないことから，ある原子が他の原子と結合するときは，

① それぞれの原子に不対電子をもった原子軌道が存在すること，
② たがいに相手からの電子を共有することによって閉殻が完成すること，
が多い．

たとえば，酸素分子 O_2 では，色を付けた部分の電子が両方の酸素原子に共有されることで，どちらの原子も閉殻を形成する．

$$O \quad (1s)^2(2s)^2(2p_x)^1(2p_y)^1(2p_z)^2$$
$$O \quad (1s)^2(2s)^2(2p_x)^1(2p_y)^1(2p_z)^2$$

このように原子中の不対電子は結合の手と考えることができる．水素原子には結合の手は 1 つしかないが，酸素原子には 2 つある．2 個の酸素原子が接近して結合をつくるとき，空間のどの部分に電子が存在するかを考えてみる．2 個の原子を結ぶ線を結合軸といい，図 4.2 ではこれを x 軸にとっている．両方の酸素原子の $2p_x$ 軌道は大きく重なり合い，結合軸上で電子の存在確率が大きくなる．このような結合を σ 結合という．これに対して $2p_y$ 軌道の重なりは小さく，電子は結合軸を離れたところに存在している．これが π 結合である．

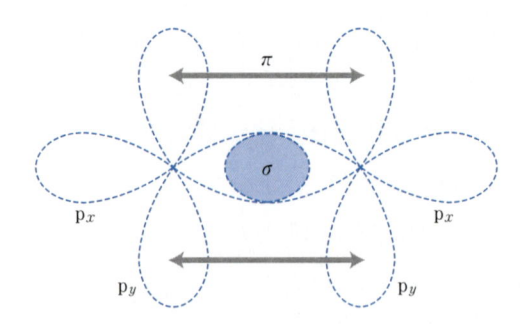

図 4.2 2個の酸素原子の接近による σ 結合と π 結合をもった酸素分子 O_2 の生成

水素分子の場合，両方の原子が結合の手を1つずつ出して結合をつくる．すなわち，水素原子と水素原子が1組の**電子対** (electron pair) を共有することによって結合が形成される．このような結合を**単結合** (single bond) という．単結合は σ 結合である．

これに対して酸素分子では，それぞれの原子が結合の手を2つもっているので，2組の電子対を共有した結合となる．これが**二重結合** (double bond) であって，1つずつの σ 結合と π 結合から構成される．窒素原子は3つの結合の手をもっているので，窒素分子中の2個の窒素原子は**三重結合** (triple bond)，すなわち，1つの σ 結合と2つの π 結合によって結ばれている．三重結合では3組の電子対が共有されている．

金属結晶，イオン結晶では原子と原子の距離を**原子間距離**と表現してきたが，分子の場合は**核間距離** (internuclear distance) とよぶのが普通である．ただし，原子間距離と核間距離は同義語と考えてよい．原子と原子が結合をつくっているときは**結合距離** (bond distance)，または結合の長さ (bond length) という．

結合を特徴付ける要素としては結合距離の他に**結合解離エネルギー** (bond dissociation energy) がある．結合解離エネルギーとは分子中の結合 A–B を切って A と B に解離するのに必要なエネルギーのことである．**表 4.1** に等核

表4.1 等核二原子分子における結合解離エネルギーと結合距離

分子	結合解離エネルギー kJ mol^{-1}	結合距離 pm
H_2	432	74.1
Li_2	100	267
C_2	599	124
N_2	942	110
O_2	494	121
F_2	155	141
Na_2	70.6	308
P_2	486	189
S_2	421	189
Cl_2	239	199
K_2	49.5	391
Br_2	190	228
I_2	149	267

二原子分子について結合解離エネルギーと結合距離を示した．表から結合距離が短いほど結合解離エネルギーも大きいことがわかる．ただし，例外も多い．これは結合解離エネルギーの大小が結合距離だけでなく，それ以外の要因，たとえば，原子の大きさなどにも影響されるためである．

4.2 二水素イオンの存在

水素分子においては，2個の電子，すなわち，電子対が2個の水素原子を結び付けている．原子中の不対電子が，他の原子中の不対電子と対をつくることによって結合が生成することから，大多数の分子は偶数個の電子をもっている．例外的ではあるが，一酸化窒素 NO，二酸化窒素 NO_2 のように奇数個の電子を含む分子も知られている．

奇数個の電子をもつ分子が存在することから，水素分子から電子1個を取り去った二水素イオン H_2^+（水素分子イオンということもある）の存在の可能性が考えられる．このイオンは低圧の水素ガス中の放電で生成するが，その量は

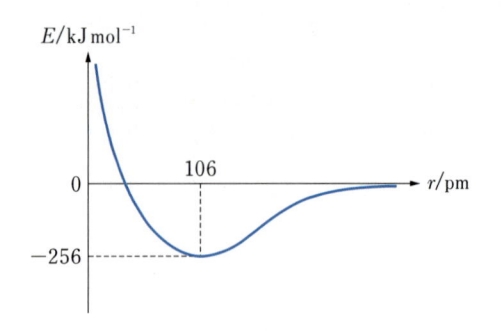

図 4.3 水素原子と水素イオン（陽子）からなる系のポテンシャルエネルギー E を核間距離 r の関数として表した図

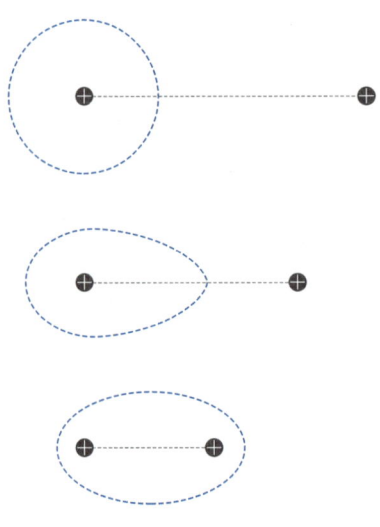

図 4.4 水素原子と水素イオンが接近したときの電子の空間分布の変化

ごくわずかである．しかし，たとえわずかであっても二水素イオンが生成することは，次の反応が左辺から右辺へ進行することを意味している．

$$H + H^+ \longrightarrow H_2^+$$

この反応に伴って $256\,\mathrm{kJ\,mol^{-1}}$ のエネルギーが放出される．これが二水素イオンの結合解離エネルギーである．水素原子と水素イオン（陽子）からなる系のポテンシャルエネルギー E を核間距離 r の関数として表したものが**図 4.3** である．ここでは r が無限大であるときの E の値を 0 としている．水素原子と水素イオンが接近していく過程での電子の空間分布の変化が**図 4.4** に示されている．

原子中の電子に対する原子軌道と同じように，分子中の電子に対してもそのエネルギーと空間分布を規定する軌道を考えることができる．この軌道が**分子軌道**（molecular orbital），その理論が**分子軌道法**（molecular orbital method）である．初期の分子軌道は粗い近似で計算されたものであったが，現在では精

4.2 二水素イオンの存在

度の高い計算法が開発されている．

　二水素イオンに対する分子軌道のエネルギー準位は，水素の1s原子軌道に対するエネルギー準位よりも256 kJ mol^{-1}だけ低いところに位置している．水素分子の結合解離エネルギーは432 kJ mol^{-1}であって，二水素イオンに対する値の約2倍である．新しく生じた分子軌道に2個の電子が収容されると仮定すれば，この関係は説明できる．結合解離エネルギーが正確に2倍にならないのは，限られた空間内に2個の電子が存在し，たがいに反発し合っているからである．

　原子軌道の場合，1つの軌道に収容される電子の数は2個までであった．水素分子に電子1個を付加すると，H_2^-イオンが生成する．このイオンは3個の電子を含んでいる．現実にはこのイオンは存在しないので，それに代わるイオンとして，同じく電子3個を含むジヘリウムイオンHe_2^+を考える．このイオンの結合解離エネルギーは約300 kJ mol^{-1}であって，二水素イオンに対する値に近い．ある結合に電子が3個関与すると，3個目の電子はその前に軌道に入った電子1個分の寄与を打ち消す結果となる．さらに電子が増えて4個になるとジヘリウムHe_2となるが，ヘリウム原子は結合をつくらないので，その結合解離エネルギーは0である．

　以上の事実を統一的に説明するためには，次のように考えればよい．

① 一対の原子軌道が重なり合うことで，2つの新しい分子軌道ができる．

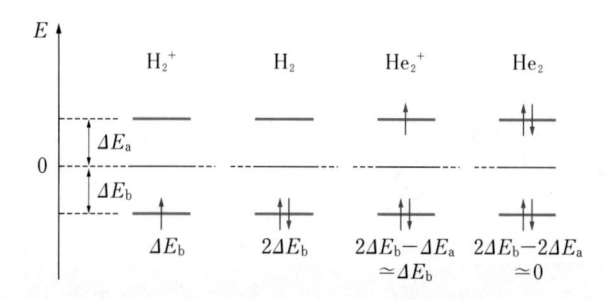

図4.5 模式的に表した結合性軌道と反結合性軌道のエネルギー準位

② 分子軌道には，結合を強める軌道と反対にそれを弱める軌道がある．分子軌道法では前者を**結合性軌道**（bonding orbital），後者を**反結合性軌道**（antibonding orbital）とよんでいる．
③ 1つの軌道に収容される電子は最大2個である．

σ 結合を与える結合性軌道を σ，反結合性軌道を σ^* のように表す．結合性，反結合性軌道のエネルギー準位を模式的に表したものが図 4.5 である．結合に関与する電子が1個であれば，結合前と比較して ΔE_b だけ安定化する．電子が2個になると $2\Delta E_b$ の安定化が期待される．ジヘリウムイオンで最初の2個の電子は結合性軌道に入るが，3個目は反結合性軌道に入る．このために正

COLUMN

水素貯蔵材料

クリーンなエネルギー源としての水素の重要性が認識されて以来，水素をどのような形で運搬するかが問題になっている．水素を燃料とする自動車が 500 km 走ると 5 kg の水素が消費される．液体の形で水素を自動車に積み込むためには水素の沸点 -253 ℃ 以下の低温に保持しなければならない．そのうえ液体水素が気化して漏れると爆発を起こす危険がある．しかも液体水素の密度は 0.0708 g cm^{-3} なので，その 5 kg は 70 L にも達する．安全性，運搬効率を考慮して水素を固体中に保持する材料，水素貯蔵材料の開発が進められた．最初に注目されたのは水素を吸蔵する合金，水素吸蔵合金であった．LaNi$_5$ はその代表であって 1.3 質量 % の水素を吸蔵することができるが，5 kg の水素を運ぶには 400 kg の合金が必要である．貯蔵材料の軽量化のために導入された化合物が軽金属の水素化物である．水素化マグネシウム MgH$_2$ は 8.2 質量 % の水素を含むが，この化合物を水素と金属マグネシウムに分解するためには 290 ℃ に加熱しなければならない．理想的な水素放出温度は 150 ℃ 以下とされている．このような要望に応える材料として，錯体水素化物が集中的に研究されている．マグネシウムアミド Mg(NH$_2$)$_2$ はその一例である．これに適量の水素化リチウム LiH を加えて複合化することでさらに水素保持・放出能の向上がみられるという．

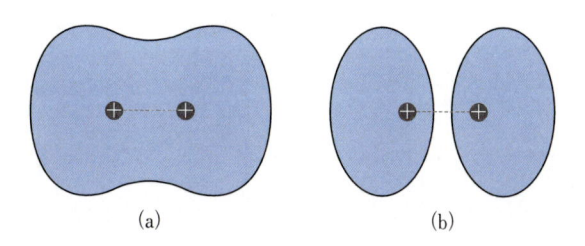

図 4.6 (a) σ 電子の空間分布，(b) σ^* 電子の空間分布

味の安定化は $2\Delta E_b - \Delta E_a$ となる．ここで ΔE_b と ΔE_a はほぼ等しい．

σ 軌道に属している電子を σ 電子という．σ 電子，σ^* 電子が分布する空間は**図 4.6** のように表すことができる．

古典的結合論では結合に関与する電子は対をつくることが原則であった．そのために結合は単結合，二重結合あるいは三重結合のどれかであって，1個または3個の電子が含まれる結合を説明することはできなかった．分子軌道法においては，そのような制約はない．原子間に存在する共有結合の数を**結合次数**（bond order）というが，分子軌道法における結合次数は，結合性軌道中の電子数 N_b から反結合性軌道中の電子数 N_a を引いた値を2で割ったものである．

$$結合次数 = \frac{1}{2}(N_b - N_a) \tag{4.1}$$

たとえば，二水素イオンにおける結合次数は 1/2，水素分子では1である．

4.3 分子軌道のエネルギー準位

4.3.1 等核二原子分子

等核二原子分子において，1s 原子軌道同士の相互作用によって，結合性軌道 $\sigma 1s$ と反結合性軌道 $\sigma^* 1s$ が生成したが，このことは他の原子軌道の相互作用にも適用できる．たとえば，2s 原子軌道同士の相互作用からは $\sigma 2s$ と $\sigma^* 2s$ が導かれる．金属リチウムを加熱したときに発生する蒸気中には約1%のジリチウム分子 Li_2 が含まれている．この分子は全部で6個の電子をもってい

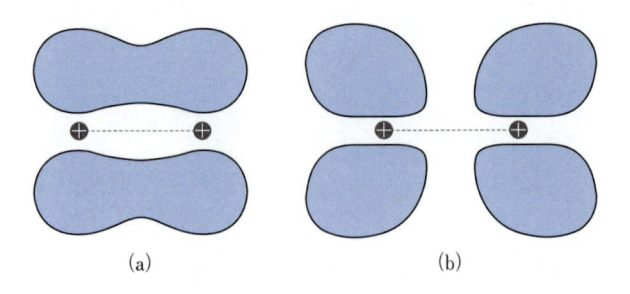

図 4.7 (a) π 電子の空間分布, (b) π^* 電子の空間分布

る．これらの電子は分子軌道をエネルギー準位の低い方から充塡していくので，ジリチウムの電子配置は次のように書くことができる．

$$(\sigma 1s)^2(\sigma^*1s)^2(\sigma 2s)^2$$

ここで Li-Li 結合生成に対する $\sigma 1s$ 電子と σ^*1s 電子の寄与はたがいに打ち消し合うので，結合に関与しているのは $\sigma 2s$ 電子だけになる．

ジベリリウム分子 Be_2 が存在しないことは，次の電子配置から明らかである．

$$(\sigma 1s)^2(\sigma^*1s)^2(\sigma 2s)^2(\sigma^*2s)^2$$

また，2p 原子軌道同士の相互作用からは $\sigma 2p_x$ と σ^*2p_x，$\pi 2p_y$ と π^*2p_y，$\pi 2p_z$ と π^*2p_z が導かれる．ここで $\pi 2p_y$ と $\pi 2p_z$，π^*2p_y と π^*2p_z はそれぞれ同じエネルギー準位にある．π 軌道に属する電子は π 電子とよばれる．π 電子，π^* 電子が分布する空間を図 4.7 に示した．

酸素分子は全部で 16 個の電子をもっている．これらの電子で分子軌道をエネルギー準位の低い方から順次充塡していくと，最後の 2 個は π^* 軌道を占めることになる．液体酸素は常磁性を示すことが知られている．これは酸素分子が不対電子をもっていることを意味する．従って，π^* 軌道中の電子は π^*2p_y と π^*2p_z に 1 個ずつ入っていて，しかもそのスピンはたがいに平行でなければならない．これもフントの規則が成立している例である．

酸素分子における分子軌道のエネルギー準位を図 4.8 に示した．酸素分子から電子を 1 個取り去ると**二酸素イオン** (dioxygen ion) O_2^+ となる．酸素分子

4.3 分子軌道のエネルギー準位

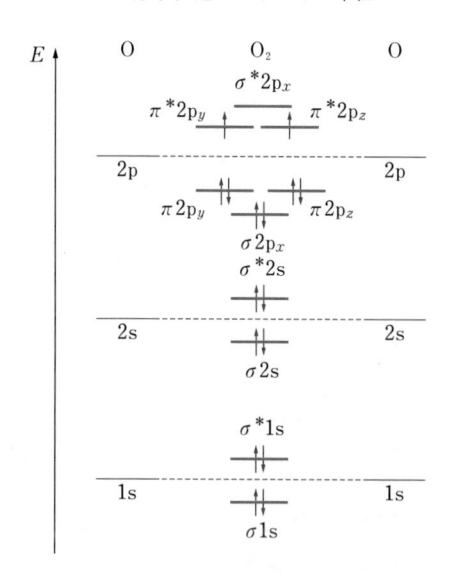

```
E ↑      O           O₂            O
              σ*2p_x
          π*2p_y ──── π*2p_z
                ↑     ↑
         ─────────────────────
         2p                    2p
                ↑↓    ↑↓
          π2p_y       π2p_z
               σ2p_x
                ↑↓
               σ*2s
                ↑↓
         ─────────────────────
         2s                    2s
                ↑↓
                σ2s

               σ*1s
                ↑↓
         ─────────────────────
         1s                    1s
                ↑↓
                σ1s
```

図 4.8 酸素分子 O_2 における分子軌道のエネルギー準位

の結合次数は2である．二酸素イオンは酸素分子から π^* 電子1個が失われたイオンであるから，結合次数は2.5である．また，酸素分子に電子1個を付加すると**超酸化物イオン** (hyperoxide ion) O_2^- となる．この場合は π^* 電子が3個になるので，結合次数は1.5になる．

六フッ化白金 PtF_6 と酸素は常温で反応して深紅色の結晶 $O_2^+[PtF_6]^-$ を生成する．六フッ化白金は電子を取り込みやすい化合物で，酸素分子から電子を奪って二酸素イオンを与える．酸素とキセノンのイオン化エネルギーはほぼ等しい．このことに着目して Bartlett (バートレット) は初めて希ガスの化合物 $Xe[PtF_6]$ を合成することに成功した．

金属カリウムを酸素中で加熱すると黄色結晶 KO_2 が生成する．この化合物は超酸化カリウムとよばれ，K^+ と O_2^- から構成される．超酸化物は強い酸化剤で，水と反応して酸素を発生する．

$$4KO_2 + 2H_2O \longrightarrow 4K^+ + 4OH^- + 3O_2$$

表4.2 二酸素イオン,酸素分子,超酸化物イオンにおける
O–O結合の比較

	結合次数	結合解離エネルギー kJ mol^{-1}	結合距離 pm
O_2^+	2.5	642.8	111.6
O_2	2	493.6	120.7
O_2^-	1.5		135

二酸素イオン,酸素分子,超酸化物イオンにみられるO–O結合の結合解離エネルギーと結合距離を表4.2に示した.π^*電子の数が少ないほど,結合次数は大きくなる.それとともに結合解離エネルギーは大きくなり,結合距離は短くなる.

分子の反応性は結合の強さと関係している.結合が弱い(切れやすい)分子ほど容易に反応する.これを結合解離エネルギーが小さい,あるいは結合距離が長い分子ほど反応しやすいと表現することもできる.表4.2の例でいえば,反応性は$O_2^+ < O_2 < O_2^-$の順に増大する.

窒素は反応性に乏しい分子の一例である.これは分子を構成するN–N結合の結合次数が3であり,結合解離エネルギーが942 kJ mol^{-1}ときわめて大きいためである.表4.1に示したように,結合距離も110 pmと短い.

ニトロシルイオン (nitrosyl ion) NO^+は安定なイオンであって,N–O結合の距離は106 pmである.このイオンのもつ電子数は14個で,窒素分子の電子数と同じである.このイオンの構成原子は窒素と酸素であって,同じ原子ではないが,ニトロシルイオンの分子軌道にみられる電子配置は窒素分子のものに類似している.結合次数も3である.

塩化ニトロシル (nitrosyl chloride) NOClは**王水** (aqua regia) に黄橙色を与えている化合物である.この化合物の沸点は-5.5 ℃であって,常温常圧下では黄色の気体である.王水は濃塩酸と濃硝酸を体積比で3:1に混合した溶液であって,その中に塩化ニトロシル,塩素を含み,金,白金も溶かすことができる強力な酸化剤である.

$$3\,HCl + HNO_3 \longrightarrow Cl_2 + NOCl + 2\,H_2O$$

ニトロシルイオンに電子1個を付加すると**一酸化窒素**（nitrogen monoxide）NOとなる．この化合物はπ*電子を1個もつために常磁性を示す．N−O結合の長さは110 pmであって，ニトロシルイオン中のN−O結合よりも少し長い．一酸化窒素は窒素と酸素の混合物を高温に熱したときに生成する無色の気体である．

$$N_2 + O_2 \longrightarrow 2NO$$

一酸化窒素は奇数個の電子をもつ化合物の例である．化学的にはやや不活性であるが，塩素，酸素とは反応してそれぞれ塩化ニトロシル，二酸化窒素を生成する．

4.3.2 異核二原子分子

異核二原子分子についても，等核二原子分子に対するものとほぼ同様な分子軌道を考えることができる．フッ化水素HFではフッ素原子の2p軌道と水素原子の1s軌道の相互作用で分子軌道が導かれる．この結合は結合軸上の電子が集中するσ結合である．原子軌道と分子軌道のエネルギー準位の関係を模式的に表したものが図4.9である．

この図は結合性軌道のエネルギー準位がフッ素原子の2p軌道に近く，フッ素原子の影響を大きく受けていることを示唆している．電気陰性度は水素よりもフッ素が大きく，結合に関与する電子はフッ素原子の方に強く引き付けられている．このために水素原子は部分的に正の電荷，フッ素原子は部分的に負の電荷を帯びることになる．すなわち，H−F結合はイオン性をもった共有結合である．

フッ化水素分子に他のフッ化水素分子が接近してくると，それぞれの水素原子とフッ素原子の間にクーロン引力が作用する．これを**水素結合**（hydrogen bond）という．次の式で…で示

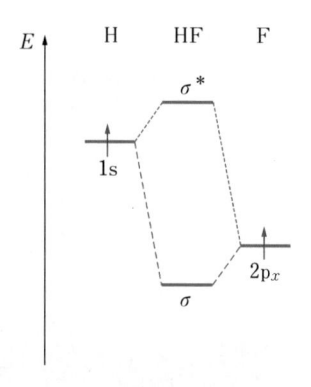

図4.9 フッ化水素HFにおける分子軌道

した結合が水素結合である．

$$H-F\cdots H-F$$

水素結合はフッ素ばかりでなく，電気的に陰性な元素，たとえば，窒素，酸素，塩素などとの原子との間にも生成するもので，一般式 X$\cdots$H$-$Y で表すことができる．

水素結合の強さは通常の共有結合の強さの 5 ～ 10 % に過ぎない．従って，結合距離も長くなる．それでも水素結合は，ある種の化合物の液化において重要な働きをしている．たとえば，酸素族元素の水素化物のうち，水素結合が関与しない硫化水素 H_2S，セレン化水素 H_2Se，テルル化水素 H_2Te の沸点は分子量が大きくなるほど高くなるが，水はこの傾向から離れて，分子量がこの化合物群中で最小であるにもかかわらず沸点は最高である．これは液体の水では分子間に水素結合が存在するためである．

氷の結晶中でも分子間に水素結合が存在する（図 4.10）．氷が水に浮くのはこの構造に隙間が多いためである．

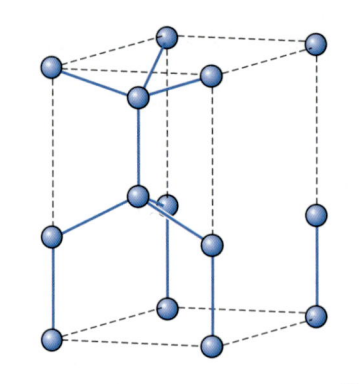

図 4.10 氷の結晶中の水分子の配列．●は酸素原子を示す．実線で結ばれた酸素原子間に水素結合が存在する．

4.4　混成軌道

炭素が水素と反応して生成する一連の化合物を炭化水素という．その中で最も簡単な化合物がメタン CH_4 である．この化学式が示しているように，炭素原子は 4 個の水素原子と結合している．炭素原子の電子配置から考えると，結合の手は 2 つしかない．それにもかかわらず生成する化合物は CH_2 ではなくて，CH_4 である．これはエネルギーの収支からみて，メタンの生成が有利であることを示唆している．

炭素原子が結合の手を 4 つもつためには，対をつくっている 2s 電子の 1 個

を空いている2p軌道に押し上げることが必要である．この過程を**昇位**（promotion）という．このときの電子配置は次のようになる．

$$\text{C} \quad (1\text{s})^2(2\text{s})^1(2\text{p}_x)^1(2\text{p}_y)^1(2\text{p}_z)^1$$

この状態で水素原子と結合すると，炭素の2s電子を使った結合が1つ，2p電子を使った結合が3つできる．これはC−H結合に2種類あることを意味している．その上，2p電子を使って共有結合をつくる水素原子はx, y, z軸の方から接近してくるために，これらの間の角度∠HCHは90°になるはずである．分子中のある原子がそれと結合している2個の原子とつくる角を**結合角**（bond angle）という．

現実には，メタンのC−H結合の長さはすべて同じであり，結合角はどれをとっても109.5°である．このことは炭素原子のもつ4つの結合の手が等価であることを物語っている．

異なる原子軌道から，新しい等価の軌道が形成されることを**混成**（hybridization）という．数学的には，元の原子軌道の線形結合によって新しい軌道をつくる操作で表される．こうして生じた軌道が**混成軌道**（hybrid orbital）である．混成が起こるためには，関係する原子軌道のエネルギーに大きな差がないことが必要である．混成軌道は元の原子軌道を使用した場合よりも，強い共有結合をつくることができる．

メタンの例のように，1つのs軌道と3つのp軌道の線形結合によって生じる軌道をsp^3混成軌道という．この他の混成軌道には，直線型のsp混成，三角形型のsp^2混成，さらにd軌道も利用した正方形型のdsp^2混成，三方両錐型のsp^3d混成，八面体型のd^2sp^3，sp^3d^2混成などの軌道が知られている．これらの混成軌道の空間的配置を**図4.11**に，それぞれの混成軌道を含む化合物の例を**表4.3**に示した．

炭素はsp^3混成ばかりでなく，sp, sp^2混成もつくる．このように元素によっては複数通りの混成軌道が可能である．

分子の形が実測されると，その分子がどのような結合からできているかを推定することができる．たとえば，アンモニウムイオンNH_4^+は窒素原子を中心

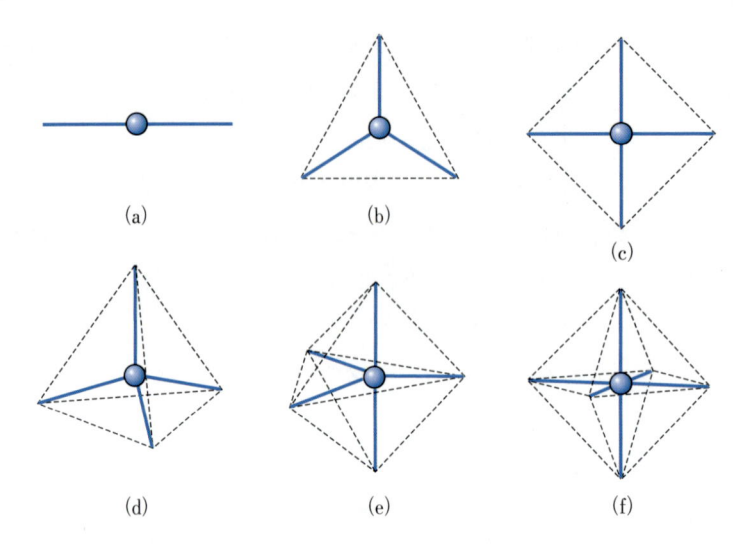

図 4.11 混成軌道の空間的配置．(a) 直線，(b) 正三角形，(c) 平面正方形，(d) 正四面体，(e) 三方両錐，(f) 正八面体

表 4.3 混成軌道を含む化合物

混成軌道	軌道の方向性	化合物の例
sp	直線	C_2H_2
sp^2	正三角形	BCl_3, CO_3^{2-}, NO_3^-
dsp^2	平面正方形	$[Cu(NH_3)_4]^{2+}$
sp^3	正四面体	CH_4, NH_4^+, $SiCl_4$, PO_4^{3-}, SO_4^{2-}, ClO_4^-, $Ni(CO)_4$
sp^3d	三方両錐	PCl_5, $AsCl_5$
d^2sp^3	正八面体	$[Fe(CN)_6]^{4-}$
sp^3d^2	正八面体	SiF_6^{2-}, SF_6, $[FeF_6]^{3-}$

とする正四面体の各頂点に水素原子が位置した構造をもっている．従って，この構造は窒素原子の sp^3 混成から導くことができる．

　窒素原子から電子1個を取り去ると，N^+ イオンとなる．このイオンの電子配置は炭素原子と同じであって，sp^3 混成をつくることができる．

$$N^+ \quad (1s)^2 \underbrace{(2s)^1(2p_x)^1(2p_y)^1(2p_z)^1}_{sp^3 \text{混成}}$$

ここに4個の水素原子が結合すれば，正四面体型のアンモニウムイオンが生成

する．中心原子がホウ素である正四面体型のイオン，**テトラヒドロホウ酸イオン**（tetrahydroborate ion）BH_4^- も存在する．この場合はホウ素原子に電子1個を付加した B^- から sp^3 混成を導くことができる．

一般に AX_4 型の分子，あるいはイオンは正四面体型の構造をとることが多い．これは化合物が対称性のよい構造を好むためである．このような構造が安定であることはいうまでもない．硫酸イオン SO_4^{2-}，過塩素酸イオン ClO_4^- などがこの型のイオンである．

4.5 分子の形

4.5.1 非共有電子対の効果

メタンの例にみられるように，混成の考え方は分子の構造を説明する上で有用である．しかし，分子によっては中心原子の p 軌道の方向性でその構造が理解できることもある．いくつかの水素化合物について，このことを検証しよう．**表4.4** は14族から16族までの元素の水素化合物について，中心原子 X と水素原子の結合距離（上段）と結合角 ∠HXH（下段）を示したものである．

表4.4 水素化合物における結合距離と結合角

族	14	15	16
水素化合物	CH_4	NH_3	H_2O
結合距離/pm	108.7	101.2	95.8
結合角	109.5°	106.7°	104.5°
	SiH_4	PH_3	H_2S
	148.0	142.0	133.6
	109.5°	93.3°	92.1°
	GeH_4	AsH_3	H_2Se
	152.5	151.1	146.1
	109.5°	92.1°	91.0°
	SnH_4	SbH_3	H_2Te
	171.1	170.4	165.8
	109.5°	91.6°	89.5°

14 族の元素の水素化合物はすべて正四面体型で，結合角は 109.5° である．これに対して，15 族のアンモニア NH$_3$ と 16 族の水 H$_2$O を除けば，その他の化合物の結合角は 90° に近い．これは中心原子の p 軌道がそのまま結合に使用されていることを意味している．90° よりやや大きくなっているのは，2 組または 3 組の共有電子対の間にクーロン斥力が作用するためである．H−X 結合の長さが短いほど，電子対間の距離は近くなり，反発は増大する．そのため，結合角の 90° からのずれも大きくなる．結合距離が同じであれば，H−X 結合が 2 つの 16 族元素の化合物よりも，H−X 結合が 3 つ含まれる 15 族元素の化合物の方が 90° からのずれは大きい．

アンモニア分子にみられる結合角 ∠HNH は 106.7° である．これは N−H 結合が P−H 結合よりも短いので，3 つの N−H 結合に含まれる電子対が相互に強く反発した結果とみることもできるが，それにしては 90° からのずれがあまりにも大きい．それよりは四面体角がやや小さくなったとみる方が自然である．

窒素原子から電子 1 個を取り去った N$^+$ イオンの sp^3 混成についてはすでに述べた．ここで生じた 4 つの混成軌道のうち，3 つは水素原子と結合をつくるが，あとの 1 つは結合をつくらない状態で取り残される．ここで N$^+$ イオンをつくるときに取り去った電子を結合の相手をもたない混成軌道に戻したとする（図 4.12）．窒素原子上の 2 個の点は結合の相手原子のない電子対である．このような電子対を**非共有電子対**（unshared electron pair）または**孤立電子対**（lone pair）とよぶ．非共有電子対は電子密度が大きく，そのために N−H 結

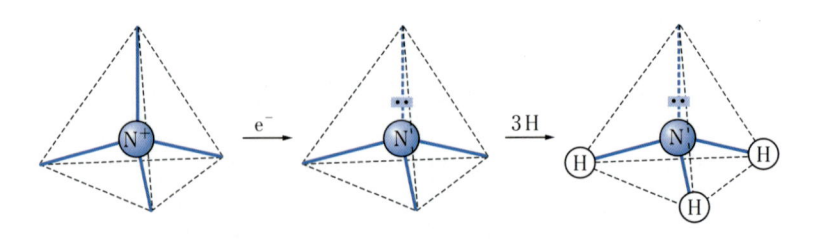

図 4.12 アンモニア NH$_3$ の生成

4.5 分子の形

合をつくっている電子対と強く反発する．これが結合角を 109.5° よりも小さくする原因である．

アンモニアはプロトン（水素イオン）と容易に結合してアンモニウムイオンを生成するが，このことも非共有電子対の存在を裏付けている．A 原子と B 原子が共有結合をつくるときは，それぞれの原子が 1 個ずつの電子を供給するのが普通である．

$$A\cdot + \cdot B \longrightarrow A:B$$

しかし，A 原子が電子をもたず，B 原子が非共有電子対をもっている場合でも，上の例と全く同じ共有結合が生成する．

$$A + :B \longrightarrow A:B$$

この方式で生成した共有結合のことを**配位結合**（coordinate bond）という．多くの錯化合物はこの結合を含んでいる．

アンモニアがプロトンと結合したアンモニウムイオンの N–H 結合の長さはどれをとっても同じである．この例では，いったん結合が生成してしまうと，それが通常の共有結合であるのか，それとも配位結合であるのかを区別することはできない．

結合角の異常は水分子にもみられる．水分子の結合角 ∠HOH は 104.5° である．この角度も酸素原子の sp^3 混成によって説明することができる．酸素原子から電子 2 個を取り去ると，炭素原子と同じ電子配置をもった O^{2+} イオンとなる．図 4.13 に示すように，sp^3 混成軌道が完成したところで水素原子 2 個と結合させる．この状態では H_2O^{2+} イオンである．ここで最初に取り去っ

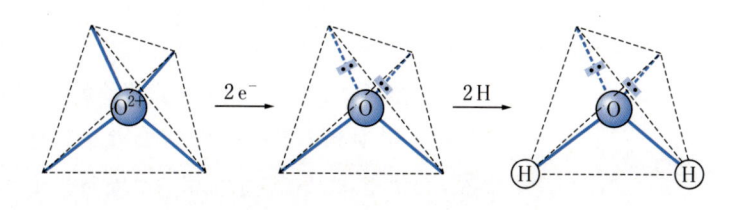

図 4.13 水 H_2O の生成

た電子2個を結合の相手をもたない混成軌道に戻すことにする．前述のアンモニアでは非共有電子対は1組だけであったが，水ではそれが2組になる．その分だけ共有結合をつくっている電子対との反発は大きくなり，結合角はアンモニアの場合よりもさらに小さくなるはずである．

水分子が非共有電子対を含むことは，この分子がプロトンと容易に結合して**オキソニウムイオン**（oxonium ion）H_3O^+ を生成することからも支持される．水溶液中の"水素イオン"は H^+ で示されるような遊離の形で存在するのではなく，水分子と結合した状態にあるので，オキソニウムイオンとよぶのが正しい．

4.5.2　非局在化

オゾン O_3 は酸素の同素体である．特異な臭気をもつ気体で，強力な酸化剤であり，生物にとって有害である．オゾンの構造は**図 4.14** に示した通りで，結合角 $\angle OOO$ は $117.8°$ である．この分子の構造は，中央に位置する酸素原子の sp^2 混成から導くことができる．結合角が sp^2 混成軌道に期待される $120°$ よりもやや小さいのは，非共有電子対の存在によるものである．

この混成を考えるには，酸素原子から電子1個を取り去った O^+ イオンを起点とすればよい．

$$O^+ \quad (1s)^2 \underbrace{(2s)^1 (2p_x)^1 (2p_y)^1}_{sp^2 \text{混成}} (2p_z)^2$$

3つの混成軌道の1つには，最初に取り去った電子を返すので，非共有電子対が生成する．残りの2つは酸素原子と結合をつくるのに使用する．sp^2 混成軌道は xy 平面上にある．この面に垂直な方向に p_z 軌道が存在するが，この軌道はすでに2個の電子で満たされている．

中央の酸素原子に両側から酸素原子が接近し，混成軌道と p_x 軌道の重なりで結合が生成したと仮定する．このとき，p_y 軌道は電子で満たされているが，p_z 軌道には電子が1個しかないものとする．

図 4.14　オゾン O_3 の構造

4.5 分子の形

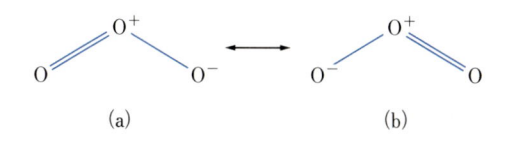

```
    O⁺                    O⁺
   ╱ ╲                   ╱ ╲
  O   O⁻       ⟷       O⁻  O
  (a)                    (b)
```

図 4.15 オゾンにおける共鳴構造

こうして生成した O−O 結合は単結合である．実測された O−O 結合は 127 pm であって，酸素分子にみられる O−O 結合の長さ 121 pm に近く，かなりの二重結合性をもつことがわかる．

このことは 3 個の酸素原子の p_z 軌道がたがいに重なり合い，これらの軌道を通じて電子が自由に行き来することで説明できる．このように π 電子が分子全体に広がる現象を**非局在化**（delocalization）という．この結果，オゾンの酸素原子間に σ 結合とともに π 結合が生じ，二重結合に近い性質を示すようになる．

非局在化の反対が**局在化**（localization）である．このときは結合に関与する電子の分布が結合の存在する付近に限られ，他の結合の存在するところまで広がることはない．

オゾンの結合を古典的に説明すると次のようになる．図 4.15 に示すように，ある瞬間には電子は (a) の配置をとり，また別の瞬間には (b) の配置をとる．実際のオゾンの構造は (a) と (b) の重なりとして理解される．このことをオゾンは (a)，(b) の 2 つの構造の間を**共鳴**（resonance）しているという．

4.5.3 錯体の例

錯体（complex）とは，中心となる原子（イオン）に数個の原子または原子団が結合して生成した分子または多原子イオンである．中心原子は多くの場合，金属元素の原子である．これを中心原子が非金属元素の原子である場合と区別して金属錯体ということもある．中心原子に結合している原子または原子団を**配位子**（ligand）という．

(1) ジアンミン銀(I)イオン

塩化銀 AgCl は硝酸銀溶液と塩化ナトリウム溶液を混合したときに生じる白色の沈殿で，水にはほとんど溶けないが，アンモニア水には溶けてジアンミン銀(I)イオン (diamminesilver(I) ion) $[Ag(NH_3)_2]^+$ を与える．このイオンは中心原子が銀原子，配位子がアンモニアである錯体である．アンモニアの配位子としての名称が**アンミン**（ammine）である．このイオンは N－Ag－N が直線上に配列した構造をもっている．

このイオンの構造は，銀(I)イオンの sp 混成から導くことができる．銀(I)イオンの電子配置は $[Kr](4d)^{10}$ で表される．この sp 混成は空いている 5s, 5p 軌道を用いて行われる．生成した sp 混成軌道も電子をもたない空いた軌道である．非共有電子対をもつアンモニアは，銀(I)イオンの空いた混成軌道を利用して配位結合をつくることができる．

(2) テトラカルボニルニッケル

金属ニッケルは一酸化炭素と反応してテトラカルボニルニッケル（tetracarbonylnickel）$[Ni(CO)_4]$ を生成する．**カルボニル**（carbonyl）は一酸化炭素の配位子としての名称である．テトラカルボニルニッケルは常温で無色の揮発性液体であって，ニッケルの精製に利用される．テトラカルボニルニッケルも一種の錯体であって，中心原子ニッケルの酸化数は 0 という特異的な化合物である．構造はニッケル原子を中心とする正四面体の各頂点に一酸化炭素が存在する．Ni－C－O は一直線上に配列している．ここで Ni－C は 184 pm，C－O は 114 pm である．C－O の長さは三重結合に対して予想される値に近い．

ニッケル原子の電子配置は $[Ar](3d)^8(4s)^2$ である．正四面体構造を与える sp^3 混成を導くためには，4s 電子を 3d 軌道に移し，これによって空いた 4s 軌道とその上の 4p 軌道を使って sp^3 混成を行えばよい．こうして生成した sp^3 混成軌道は電子をもたない空いた軌道である．ここに一酸化炭素が結合するためには，炭素原子上に非共有電子対の存在が必要である．

非共有電子対をもつ一酸化炭素は次のようにして導くことができる．最初に炭素原子の sp 混成を考える．

$$\text{C} \quad (2s)^1(2p_x)^1(2p_y)^1(2p_z)^1$$
$$\text{sp 混成}$$

ここで sp 混成軌道の 1 つに電子 1 個を供給すれば非共有電子対が完成するが，この電子は酸素原子から借りてきたものである．電子を失うことで酸素原子の結合の手は 3 つに増加する．

$$\text{O}^+ \quad (2s)^2(2p_x)^1(2p_y)^1(2p_z)^1$$

この酸素原子が非共有電子対をもつ炭素原子と結合すれば，目的の一酸化炭素

$$:\text{C}\equiv\text{O}$$

が得られる．

演習問題

[1] 次の語を説明せよ．
　(a) 結合次数
　(b) 混成軌道
　(c) 非局在化

[2] フッ素と酸素の二元化合物の化学式をそれぞれの原子の電子配置から予想せよ．その名称はフッ化酸素か，それとも酸化フッ素か．

[3] 窒素原子と O^+ イオンの電子配置を書き，ニトロシルイオン中の N−O 結合が三重結合になることを示せ．

[4] 一酸化炭素 CO の C−O の長さが 113 pm であるのに対し，二酸化炭素の C−O 二重結合の長さは 116 pm である．一酸化炭素の C−O の長さを説明するためにはどのような共鳴構造を考えればよいか．

[5] H_2O から電子 1 個を取り去った H_2O^+ と H_2O ではどちらが結合角 ∠HOH が大きいか．

[6] シラン SiH_4 は正四面体型分子である．シランの水素原子 1 個をハロゲン原子 X で置換した化合物 SiH_3X は変形した四面体型構造をとる．次頁に示したデータから，ハロゲンがフッ素，塩素，臭素，ヨウ素と変化するにつれて分子がどのように変形するかを述べよ．ただし，水素原子 3 個は正三角形を形成する．

化合物*	Si−H/pm	Si−X/pm	∠HSiX
SiH_4	147.1	−	−
$SiFH_3$	147.0	159.1	108.4°
$SiClH_3$	147.5	205.1	108.3°
$SiBrH_3$	147.4	221.2	108.2°
SiH_3I	148.5	243.7	107.8°

* 化学式は陽性成分を先に，陰性成分を後に書く．陰性成分が2種類以上あるときはアルファベット順とする．SiH_3I でハロゲンの順序が他の化合物と異なるのはそのためである．

[7] 次の分子の形を混成の考え方で説明せよ．

   (a) BF_3　（B−F = 131.3 pm，∠FBF = 120°）

   (b) NF_3　（N−F = 136.5 pm，∠FNF = 102.4°）

   (c) NH_2F　（N−F = 143.3 pm, N−H = 102.3 pm, ∠HNF = 101.1°, ∠HNH = 106.3°）

   (d) CO_2　（C−O = 116.0 pm, ∠OCO = 180°）

[8] p.16 の式 (2.4) を用いて酸素分子の O−O 結合を切るのに必要な光の波長を計算せよ．

第5章 錯体

　錯体という語は複雑な化合物を連想させる．事実，1798年に $CoCl_3 \cdot 6NH_3$ という組成をもった化合物が合成されたとき，だれもこのような複雑な化合物の生成を説明することができなかった．そこで NaCl のような単純な塩に対して，これを錯体と名付けたのである．錯体の構造を解明したのはスイスの化学者 Werner (ウェルナー) である．彼の説が発表されたのは1893年のことであった．それから100年が経過し，錯体は無機化学における重要な研究分野となった．そればかりでなく我々の身の回りにある多くの有用な物質が錯体であることもわかってきた．

5.1　錯体の定義

　ここでいう錯体は，4.5.3項 (p.83) で述べた金属錯体のことである．すなわち，中心原子は金属原子 (イオン) であり，これに数個の配位子が結合して生じた分子または多原子イオンである．中心原子と配位子とは配位結合で結ばれていることが多い．錯体にみられる結合が完全な共有結合であるとは限らない．中にはかなりのイオン性をもった結合も存在する．

　配位子中で中心金属イオンと直接に結合している原子を**配位原子**という．与えられた中心原子と結合している配位原子の数を**配位数** (coordination number) という．H_2O, NH_3, CO のように配位原子が1個しかない配位子を**単座配位子** (unidentate ligand, monodentate ligand) という．これに対して，配位原子が2個ある配位子は**二座配位子** (bidentate ligand) とよばれる．エチレンジアミン $H_2N-CH_2-CH_2-NH_2$ はその古典的な例で，この分子中の2個の窒素原子が配位原子である．二座配位子は金属原子と結合して環状構造をつく

ることができる．このような環状構造をもつ化合物が**キレート**(chelate)である．その中でも五，六員環をもつキレートはとくに安定である．

電荷をもつ錯体が**錯イオン**(complex ion)，その塩が**錯塩**(complex salt)である．錯体中で中心金属イオンと配位子からなる部分は角括弧で囲んで表す．たとえば，硫酸銅(II)水溶液にアンモニア水を過剰に加えたときに生じる濃青紫色は錯イオンの一種である $[Cu(NH_3)_4]^{2+}$ によるものである．このイオンの名称は**テトラアンミン銅(II)イオン**(tetraamminecopper(II) ion)である．この溶液にエタノールを加えると青紫色の結晶が沈殿するが，これは錯塩のテトラアンミン銅(II)硫酸塩一水和物 $[Cu(NH_3)_4]SO_4 \cdot H_2O$ である．

この例のように，錯イオンの名称が元素名で終わっているときは，そのイオンが陽イオンであることを示している．錯イオンが陰イオンであるときは，"——酸イオン(-ate ion)"のように書く．塩化鉄(III) $FeCl_3$ の水溶液に塩酸を加えると黄色の溶液となるが，この色は錯陰イオン $FeCl_4^-$ の存在によるものである．このイオンの名称は**テトラクロロ鉄(III)酸イオン**(tetrachloroferrate(III) ion)である．

広義の錯体は配位結合を含む化合物全体を指す語として用いられる．この場合，中心原子が金属とは限らない．しかし一方で，配位化合物が金属錯体の同義語として使用されることもある．

中心原子が非金属である例をあげておく．ホウ酸 H_3BO_3 とフッ化水素酸 HF を混合すると BF_4^- が生成する．

$$H_3BO_3 + 4HF \longrightarrow H^+ + BF_4^- + 3H_2O$$

このイオンは**テトラフルオロホウ酸イオン**(tetrafluoroborate ion)とよばれる．このイオンは，ホウ素原子を中心とする正四面体の各頂点にフッ化物イオンが位置した構造をもっている．フルオロ(fluoro)はフッ化物イオンが配位子となったときの名称である．

陰イオンが配位子となったときは，陰イオンの英語名の語尾を -o に変える．塩化物イオン(chloride ion)はクロロ(chloro)，シアン化物イオン(cyanide ion)はシアノ(cyano)，硫酸イオン(sulfate ion)はスルファト(sulfato)となる

る.

5.2 水和物

結晶中に一定の化合比で含まれる水のことを**結晶水**（water of crystallization），結晶水を含む塩を**含水塩**（salt hydrate）または**水和物**（hydrate）という．化学式中の結晶水の分子数によって一水和物（一水塩），二水和物（二水塩）のようによぶ．

結晶中の水はその結合形式によって**配位水**（coordination water），**陰イオン水**（anion water），**格子水**（lattice water）などに分類される．配位水というのは水分子中の酸素原子がもっている非共有電子対によって金属イオンに配位結合した水のことである．

配位子としての水分子のことを**アクア**（aqua），水分子が金属イオンに配位した錯体のことを**アクア錯体**（aqua complex）という．2価金属イオンのアクア錯体に含まれる水分子の数は6個が普通である．これは金属イオンと水分子の半径比からみて，金属イオンの周りには6分子の水が配列しうることを意味している．これらの水分子は金属イオンを中心にもつ正八面体の頂点の位置を占めている．

希水溶液中の金属イオンは，水分子と競合する強力な配位子が共存しない限りはアクア錯体として存在すると考えてよい．結晶中にも構成単位としてアクア錯体が含まれる例として2価金属の過塩素酸塩六水和物 $M(ClO_4)_2 \cdot 6H_2O = [M(H_2O)_6](ClO_4)_2$ をあげることができる．ここで M は Mg, Mn, Fe, Co, Ni または Zn である．

塩化物でも形式的に六水和物が存在するが，この場合は配位子がすべて水分子とは限らず，水分子の一部が塩化物イオンによって置換されていることがある．たとえば，塩化コバルト(II)六水和物 $CoCl_2 \cdot 6H_2O$ で中心金属イオンに配位しているのは4個の水分子と2個の塩化物イオンである．従って，この化合物の構造は $[CoCl_2(H_2O)_4] \cdot 2H_2O$ で表される．錯体を化学式で表すとき，角括弧内は中心金属イオン，陰イオン性配位子，中性配位子の順に書く．ただ

(a) シス体　　　　　(b) トランス体

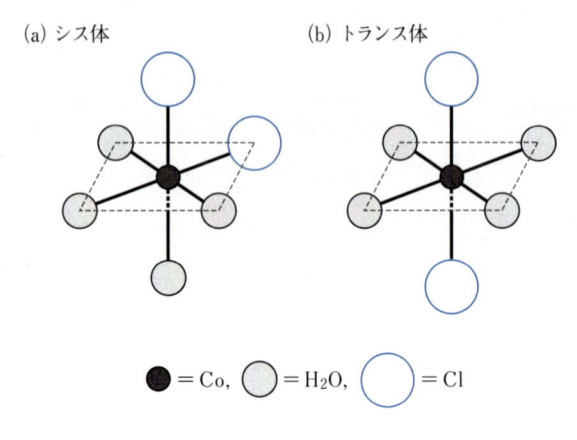

● = Co, ◯(灰) = H₂O, ◯ = Cl

図 5.1　塩化コバルト(II)六水和物に可能な構造

し，錯体の英語名は配位子をアルファベット順に配列し，最後に金属名を付けるので，この化合物の名称は**テトラアクアジクロロコバルト二水和物**（tetraaquadichlorocobalt dihydrate）となる．日本語名は英語名をそのまま字訳あるいは翻訳したものである．

　この化合物の構造には2つの可能性がある．1つは2個の塩化物イオンが八面体の隣り合った頂点を占めるもの，もう1つは中心に関して対称となる頂点を占めるものである．これらを区別するために，前者を**シス**（*cis*），後者を**トランス**（*trans*）と名付けている（**図 5.1**）．これらは立体異性の一種であって，**幾何異性**（geometrical isomerism）とよばれている．

　現実の塩化コバルト六水和物はトランス体である．化学式ではこれを *trans*-[CoCl$_2$(H$_2$O)$_4$]・2H$_2$O のように書く．この化合物を加熱すると，4分子の水が脱離して二水和物 CoCl$_2$・2H$_2$O が生成する．この化合物は八面体が稜を共有した構造（**図 5.2**）をもっている．

　無水物 CoCl$_2$ は金属コバルトの粉末に塩素を作用させて得られる青色結晶である．潮解性があり，水を吸収するとピンク色に変化する．無水物でもコバルト(II)イオンを中心とする八面体構造は維持される．ただし，配位子はすべて塩化物イオンである．

5.3 d 軌道の分裂

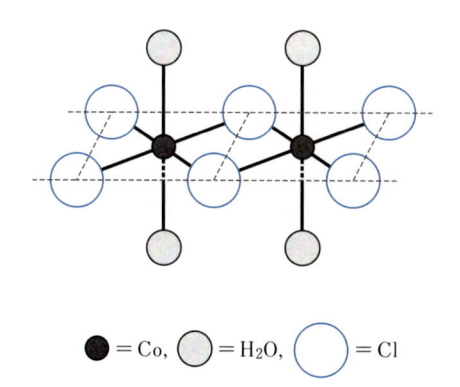

$\bullet$ = Co, ◯ = H₂O, ◯ = Cl

図 5.2 塩化コバルト (II) 二水和物の構造

　硫酸塩にはしばしば七水和物がみられる．7 分子の水のうち，6 分子は配位水であるが，残り 1 分子は水素結合で硫酸イオンに結合している陰イオン水である．この例には $[Mg(H_2O)_6]SO_4\cdot H_2O$，$[Fe(H_2O)_6]SO_4\cdot H_2O$ などが知られている．陰イオン水は配位水よりも強く結合しているので，水和物を徐々に加熱していくとき，最後まで残っている水が陰イオン水である．

　同じイオン価をもったイオンを相互に比較してみると，イオン半径が大きくなるほど水和物をつくりにくくなることがわかる．アルカリ金属の塩化物の中ではリチウム塩の潮解性が顕著である．これはリチウムイオンの半径がアルカリ金属中で最も小さく，そのために水分子を強く引き付けることができるからである．また一般にナトリウム塩よりもカリウム塩のほうが吸湿性は少ない．分析試薬としてカリウム塩が使用されることが多いのはこのためである．

5.3　d 軌道の分裂

　遷移元素の化合物は一般に着色している．これは化合物が可視光の一部を吸収していることを意味する．分子の全エネルギーは電子のエネルギーと振動・回転のエネルギーの和として与えられる．このうちで着色に関係しているのは電子のエネルギーである．光を吸収することによって，電子は低いエネルギー

準位から高いエネルギー準位に移る．可視光の吸収が起こるためには，エネルギー準位の差が可視光のエネルギー範囲にあることが必要である．

このような差をもったエネルギー準位はd軌道の**分裂**（splitting）によって発生する．孤立した遷移元素の原子では5つのd軌道は同じエネルギーをもっている．すなわち，

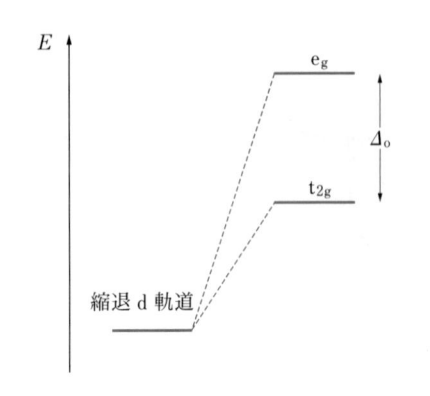

図5.3 正八面体錯体にみられるd軌道の分裂

これらは縮退した軌道である．d軌道は，d電子と配位子の電子の間のクーロン斥力によって分裂すると考えられる．このような静電場における相互作用に基づいて錯体の色と磁性を説明することができる．これが**結晶場理論**（crystal field theory）である．結晶場というのは，結晶中のイオンの位置に周囲の原子，イオンがつくる力の場のことである．

遷移元素のイオンを中心とする正八面体の各頂点に同じ種類の配位子が存在する場合を考える．中心イオンと配位子との距離が無限大であれば，5つのd軌道は縮退している．その距離が小さくなるにつれて，d電子と配位子の電子との反発は増大し，軌道のエネルギー準位は高くなる．配位子が直交軸上に位置するとき，d_{xy}，d_{xz}，d_{yz} 電子よりも$d_{x^2-y^2}$，d_{z^2} 電子の方が大きな反発を受けるので，d_{xy}，d_{xz}，d_{yz} 軌道よりも$d_{x^2-y^2}$，d_{z^2} 軌道のエネルギー準位の方が上になる．この関係を**図5.3**に示す．このときのエネルギー差をΔ_oで表す．ここでd_{xy}，d_{xz}，d_{yz} 軌道をt_{2g}軌道，$d_{x^2-y^2}$，d_{z^2}軌道をe_g軌道のように表す．t_{2g}，e_gは群論で用いられる記号であって，前者は三重縮退，後者は二重縮退を意味している．

八面体錯体では配位子が直交軸上に位置しているが，配位子が球対称に一様に分布し，すべての方向から中心金属イオンに接近したと仮定すると，中心金属イオンと配位子との距離が短くなるにつれてd軌道のエネルギー準位は高

5.3 d軌道の分裂

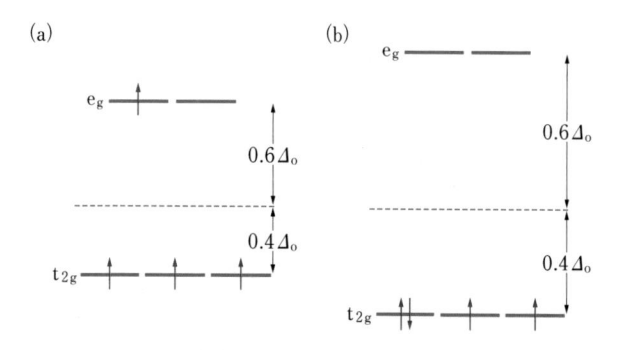

図5.4 (a) 高スピン錯体と (b) 低スピン錯体. 4個のd電子をもつ金属イオンの例. 中央の点線は分裂が起こらなかったとしたときの仮想的エネルギー準位を示す.

くなるが，軌道の分裂は起こらず，縮退した状態を維持する．このような仮想的な結晶場の強さが，八面体錯体における平均的な結晶場の強さに等しいとすれば，分裂が起こることによって，起こらないときと比較して軌道のエネルギーがどれだけ安定化するかを計算することができる．

この仮想的なエネルギー準位はt_{2g}軌道よりも$0.4\Delta_o$だけ高いところ，e_g軌道よりも$0.6\Delta_o$だけ低いところにある(**図5.4**)．この位置は分裂したd軌道に10個の電子が収容されたときの平均的なエネルギー準位でもある．

d軌道の分裂の大きさΔは中心金属イオンと配位子の組合せによって決まる．ここからの議論は八面体錯体ばかりでなく，四面体錯体，平面正方形錯体などにも当てはまる．中心金属イオンと配位子との距離が短いほど，配位子の電子密度が大きいほど，Δは大きくなる．ある金属イオンにハロゲン化物イオンが配位するとき，Δは$F^- > Cl^- > Br^- > I^-$の順となる．すなわち，ハロゲン化物イオンのイオン半径が小さいほどΔは大きくなる．これはイオン半径によって中心金属イオンと配位子との距離が規定されるからである．

分裂の大きさΔは錯体の吸収スペクトルから判定することができる．可視部付近の吸収極大の波長が短いほどΔは大きい．同じ中心金属イオンについて，配位子をΔの大きい順に並べると次のようになる．

表 5.1 有機配位子の名称と略号

配位子		略号
アセチルアセトナト (2,4-ペンタジオナト)	$C_5H_7O_2^-$	acac
2,2'-ビピリジン	$C_{10}H_8N_2$	bpy
シクロペンタジエニル	C_5H_5	cp
エチレンジアミン (1,2-エタンジアミン)	$H_2N-CH_2-CH_2-NH_2$	en
1,10-フェナントロリン	$C_{12}H_8N_2$	phen
ピリジン	C_5H_5N	py

$CN^- > NO_2^- > 1{,}10\text{-フェナントロリン} > 2{,}2'\text{-ビピリジン}$
$> \text{エチレンジアミン} > NH_3 > NCS^- > H_2O > OH^- > F^- > Cl^- > Br^- > I^-$

この系列を**分光化学系列**（spectrochemical series）という．この系列には有機配位子も含まれている．錯体化学では頻繁に登場する有機配位子に略号を使用している．代表的な有機配位子を**表**5.1 に示す．

また，配位子を特定し，中心金属イオンを変えたときの $\varDelta$ の大きさは，次の順になる．

$Pt^{4+} > Pd^{4+} > Mn^{4+} > Co^{3+} > Cr^{3+} > Fe^{3+} > Co^{2+} > Ni^{2+} > Mn^{2+}$

中心金属のイオン価が大きいほど，また半径が小さいほど $\varDelta$ は大きくなる傾向がある．

5.4　高スピン錯体と低スピン錯体

　八面体錯体において，分裂したd軌道に電子が1個だけ存在する場合を考える．このようなイオンの例にTi^{3+}イオンがある．Ti^{3+}イオンを含む水溶液は紫色で，Ti^{3+}イオンは$[Ti(H_2O)_6]^{3+}$として存在する．このイオンのd電子はt_{2g}軌道を占めるが，この軌道のエネルギーは，分裂がなかった場合と比較して$0.4\Delta_o$だけ安定化していることになる．このエネルギーを**結晶場安定化エネルギー**（crystal field stabilization energy）という．d電子が3個までは，すべてt_{2g}軌道に入る．これらの電子のスピンはたがいに平行である．

　d電子が4個になると，その配置には2つの可能性がある．1つは3個がt_{2g}軌道，1個がe_g軌道に入る場合，もう1つは4個ともt_{2g}軌道に入る場合である．t_{2g}軌道に4個の電子が入ると，3つある軌道の1つはスピンが反対になった2個の電子で占められる．ここで前者を**高スピン**（high spin），後者を**低スピン**（low spin）とよんでこれらの配置を区別する（図5.4）．**高スピン錯体**（high-spin complex）と**低スピン錯体**（low-spin complex）はd電子数が4〜7個の金属イオンにみられる．

　これらの電子配置に対する結晶場安定化エネルギー（CFSE）は次式によって計算することができる．

$$CFSE = 0.4\Delta_o \times (t_{2g}軌道中の電子数) - 0.6\Delta_o \times (e_g軌道中の電子数)$$

結晶場安定化エネルギーからみると，どのような場合でも低スピン錯体がエネルギー的に有利であるが，実際には同じ軌道に2個の電子が入ることによって電子間に反発が生じ，エネルギー準位は上昇する．このような不安定化が起こっても低スピン錯体が有利であるためには，Δ_oがある限界よりも大きいことが必要である．

　八面体錯体における電子配置と結晶場安定化エネルギーを**表5.2**に示した．高スピン錯体では中心金属イオンと配位子との間の距離が長くなるので，結合は比較的容易に切れて配位子が遊離する．配位子が脱離したあとは空いたままになっているのではなく，別の配位子によって占められる．この過程は**配位子**

表5.2 八面体錯体における電子配置と結晶場安定化エネルギー (CFSE)

d電子数	イオンの例	高スピン型 t_{2g}			高スピン型 e_g		CFSE	低スピン型 t_{2g}			低スピン型 e_g		CFSE
1	Ti^{3+}	↑					$0.4\Delta_o$						
2	V^{3+}	↑	↑				$0.8\Delta_o$						
3	Cr^{3+}	↑	↑	↑			$1.2\Delta_o$						
4	Cr^{2+}, Mn^{3+}	↑	↑	↑	↑		$0.6\Delta_o$	↑↓	↑	↑			$1.6\Delta_o$
5	Mn^{2+}, Fe^{3+}	↑	↑	↑	↑	↑	0	↑↓	↑↓	↑			$2.0\Delta_o$
6	Fe^{2+}, Co^{3+}	↑↓	↑	↑	↑	↑	$0.4\Delta_o$	↑↓	↑↓	↑↓			$2.4\Delta_o$
7	Co^{2+}, Ni^{3+}	↑↓	↑↓	↑	↑	↑	$0.8\Delta_o$	↑↓	↑↓	↑↓	↑		$1.8\Delta_o$
8	Ni^{2+}	↑↓	↑↓	↑↓	↑	↑	$1.2\Delta_o$						
9	Cu^{2+}	↑↓	↑↓	↑↓	↑↓	↑	$0.6\Delta_o$						

置換 (ligand substitution) とよばれる．

ヘキサフルオロ鉄(Ⅲ)酸イオン (hexafluoroferrate(Ⅲ) ion) $[FeF_6]^{3-}$ は高スピン錯体である．水溶液中ではフッ化物イオンの濃度が低くなると，配位子の F^- が脱離して，その代わりに H_2O が取り込まれる．この過程は段階的に進行し，最終的には $[Fe(H_2O)_6]^{3+}$ が生成する．

$$[FeF_6]^{3-} + 6\,H_2O \longrightarrow [Fe(H_2O)_6]^{3+} + 6\,F^-$$

これに対して低スピン錯体では，中心金属イオンと配位子との結合は共有結合性が顕著であって，配位子置換の速度は遅いのが普通である．結合のイオン性の程度は中心金属イオンと配位子の組合せによって異なる．**ヘキサシアノ鉄(Ⅱ)酸カリウム** (potassium hexacyanoferrate(Ⅱ)) $K_4[Fe(CN)_6]$ は古くから知られた錯体で低スピン型である．錯体中の Fe^{2+} と CN^- との結合はきわめて安定であり，水溶液中で $[Fe(CN)_6]^{4-}$ から CN^- が解離することはない．従ってこの化合物は無毒である．

これに対してヘキサシアノ鉄(Ⅲ)酸カリウム $K_3[Fe(CN)_6]$ は水溶液中で CN^- を放出するので有毒である．

$$[Fe(CN)_6]^{3-} + H_2O \longrightarrow [Fe(CN)_5(H_2O)]^{2-} + CN^-$$

さらにこの化合物はアルカリ性溶液中で強い酸化剤として作用する．たとえば，$K_3[Fe(CN)_6]$ はクロム(Ⅲ)イオン Cr^{3+} から電子を奪い，これをクロム酸イオン CrO_4^{2-} に酸化することによってそれ自体は $K_4[Fe(CN)_6]$ に還元される．

$K_3[Fe(CN)_6]$ がこのような特異的性質をもつことは d 電子の配置から説明することができる．$K_3[Fe(CN)_6]$，$K_4[Fe(CN)_6]$ はいずれも低スピン錯体である．$K_4[Fe(CN)_6]$ は 6 個の d 電子をもっている．これらが t_{2g} 軌道を完全に充填し，d 電子が球対称の分布を形成しているのに対し，$K_3[Fe(CN)_6]$ では d 電子が 5 個しかなく，d 電子の空間分布における対称性が劣っている．そのため他の物質から電子を奪い，これを d 軌道中に取り込むことで球対称の分布を実現しようとするのである．

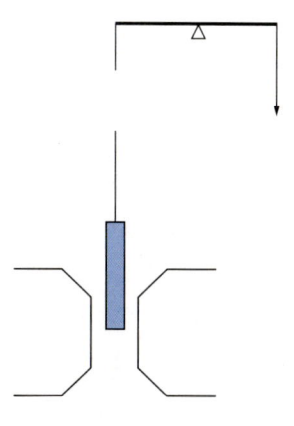

図 5.5 磁気てんびんの原理

高スピン錯体と低スピン錯体の相違点は不対電子数にある．不対電子をもたない化合物は反磁性を示す．これに対して不対電子をもつ化合物は常磁性を示し，弱い磁場を掛けると磁場 H に比例した磁化 M を与える．このとき M/H を**磁化率**（magnetic susceptibility）という．通常は 1 mol あたりのモル磁化率で表す．モル磁化率は錯体中の不対電子数に依存する．従って，モル磁化率を測定すれば，その錯体が高スピン型か，それとも低スピン型かを判定することができる．磁化率の測定には磁気てんびん（**図 5.5**）を使用する．試料を電磁石の上方に吊り下げておき，電磁石に電流を通じる前と通じた後の質量差から磁化率を算出することができる．

5.5 分子軌道法の導入

5.5.1 結晶場理論の問題点

結晶場理論の難点は，中心金属イオンと配位子との結合にはイオン性から共有結合性にいたるさまざまな段階のものがあることを考慮していないことである．また，錯体の吸収スペクトルを調べてみると，d 軌道間の電子移動（これを **d-d 遷移**（d-d transition）という）に基づく可視部付近の吸収に加えて，紫

外部にも大きな吸収がみられる．結晶場理論はこの紫外部の吸収についても説明を与えていない．

光の吸収は吸収極大の波長とともに**モル吸光係数**（molar extinction coefficient）によって特徴付けられる．モル吸光係数とは濃度 $1\ \mathrm{mol\ dm^{-3}}$ の溶液を厚さ 1 cm のセルに入れたときに測定される吸光度のことであって，記号 ε（単位：$\mathrm{mol^{-1}\ dm^3\ cm^{-1}}$）で示される．$\varepsilon$ の値は波長によって異なる．

d-d 遷移吸収に対する ε は $1 \sim 10^2\ \mathrm{mol^{-1}\ dm^3\ cm^{-1}}$ の値をとるのが普通である．しかし中には $[\mathrm{Mn(H_2O)_6}]^{2+}$ のように，ε が $0.04\ \mathrm{mol^{-1}\ dm^3\ cm^{-1}}$ といった小さい値になる場合もある．この例では，d-d 遷移の起こる確率が低いので，ε がこのように小さいのである．

これに対して紫外部に出現する吸収は，ε が $10^3 \sim 10^4\ \mathrm{mol^{-1}\ dm^3\ cm^{-1}}$ にも及ぶ大きなものである．また**クロム酸イオン**（chromate ion）$\mathrm{CrO_4^{2-}}$，**過マンガン酸イオン**（permanganate ion）$\mathrm{MnO_4^-}$ は d 電子をもたないにもかかわらず，可視部に強い吸収をもっている．結晶場理論は錯体の色，磁性の説明に対しては便利な理論であるが，その能力には限界がある．

5.5.2 配位子場理論

中心金属イオンと配位子との結合を分子軌道法によって説明しようという理論が配位子場理論（ligand field theory）である．これは異核二原子分子にみられる分子軌道を中心金属イオンの d，s，p 軌道と配位子の軌道に拡張したものと考えればよい．

配位子の軌道は金属イオンの原子軌道よりもエネルギーが低いのが普通である．このエネルギー差が大きいほど金属イオンと配位子の結合はイオン性が強くなる．八面体錯体における金属イオンと配位子の軌道，錯体の分子軌道の関係は**図 5.6** に示した通りである．金属イオンの2つの d 軌道（e_g 軌道），1つの s 軌道，3つの p 軌道のそれぞれが配位子の軌道と重なり合うことで6つの結合性軌道と 6 つの反結合性軌道ができる．これに対して，金属イオンの3つの d 軌道（t_{2g} 軌道）は配位子の軌道と重なり合わないのでそのエネルギーは変

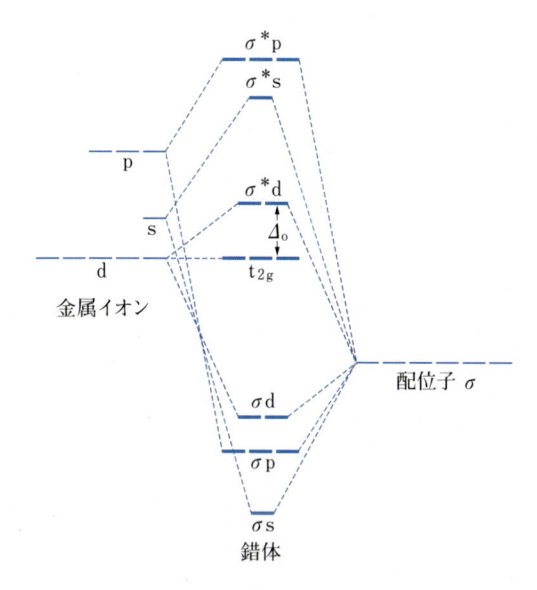

図 5.6 正八面体錯体の分子軌道. 左側は金属イオンの原子軌道, 右側は配位子の軌道を示す.

化しない. このため t_{2g} 軌道は非結合性軌道とよばれている.

6個の配位子から供給される12個の電子は6つの結合性軌道を占める. 金属イオンからの電子は非結合性軌道 (t_{2g} 軌道) と反結合性軌道 (σ^*d 軌道) に入るが, t_{2g} 軌道と σ^*d 軌道の関係は結晶場理論における t_{2g} 軌道と e_g 軌道の関係と同じである. ここでも Δ_o の大きさによって高スピン型または低スピン型の電子配置をとる.

結合性軌道は金属イオンの軌道よりも配位子の軌道に近い. この結合性軌道中の電子が光を吸収し, 金属イオンのd軌道あるいは σ^*d 軌道に移ると, d-d遷移とは異なる過程で光を吸収したことになる. 錯体が紫外部に強い吸収をもつのはこの過程によるのである.

この過程では配位子の電子が金属イオンに移行したと考えることができるので, これを**電荷移動吸収** (charge transfer absorption) という. この遷移の起こる確率は d-d 遷移の起こる確率よりも大きいので, そのモル吸光係数も当

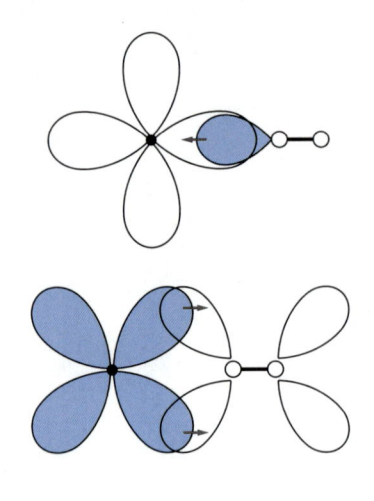

● = Fe^{2+}, ○—○ = CN^-

図 5.7 Fe^{2+}–CN^- 結合にみられる σ 配位結合（上）と π 配位結合（下）．電子が充填された軌道（色を付けた部分）から空いている軌道へ電子が移行して配位結合ができる．

然大きい．分光化学系列で後の方に位置する配位子ほど電荷移動吸収における軌道間のエネルギー差は小さくなり，吸収が可視部に入ってくることがある．前述のクロム酸イオンの黄色，過マンガン酸イオンの紫色は電荷移動吸収によるものである．ただし，これらのイオンは正四面体錯体であるから，分子軌道のエネルギー準位の関係は図 5.6 のものとはやや異なる．

5.5.3 シアノ錯体の π 結合

多くのシアノ錯体が安定であるのは，金属イオンとシアン化物イオンとの結合が σ 結合ばかりでなく，π 結合も関与しているためである．ヘキサシアノ鉄(II)酸イオン $[Fe(CN)_6]^{4-}$ では，Fe^{2+} の空いた e_g 軌道に CN^- の C 原子上にある非共有電子対が流れ込むことで σ 結合が生成するが，これと同時に電子が充填されている t_{2g} 軌道中の電子が CN^- の空いた $π^*$ 軌道に入り込むことで π 結合ができる（**図 5.7**）．このように σ 配位結合と π 配位結合が生じて結合が強められる現象を**逆供与**（back donation）という．配位子が CO である場合にも逆供与がみられる．

5.6 立体化学

5.6.1 八面体錯体にみられるひずみ

6個の配位子が同じ分子またはイオンである錯体，たとえば，$[FeF_6]^{3-}$ では 6個の F^- 配位子は正八面体の頂点を占めている．しかし，高スピン型 $(d)^4$ 錯

5.6 立体化学

体の場合にはこのことが当てはまらない．この錯体は e_g 軌道に電子が 1 個存在するが，その電子は $d_{x^2-y^2}$ 軌道あるいは d_{z^2} 軌道に入っている．もし電子が $d_{x^2-y^2}$ 軌道にあれば，x, y 軸上の 4 個の配位子は d 電子の反発を受け，z 軸上の配位子と比べると中心金属イオンから遠いところに位置することになる．この場合は上下方向につぶれた八面体となる．これに対して電子が d_{z^2} 軌道に存在すれば上下方向に延びた八面体となる．

これと同じことが $(d)^9$ 錯体についても起こる．このように構造がひずむことで系全体のエネルギーが低くなり，安定化が起こることを**ヤーン-テラーひずみ**（Jahn-Teller distortion）という．このことは e_g 軌道を構成する $d_{x^2-y^2}$ 軌道と d_{z^2} 軌道の縮退が解けて異なるエネルギー準位をとることを意味している．

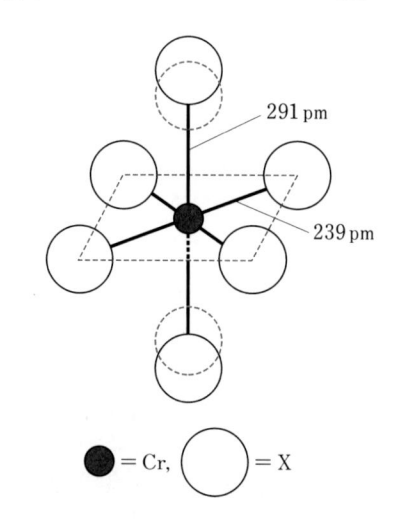

図 5.8 ハロゲン化クロム(II) の構造：ヤーン-テラーひずみの例．◯はひずみがなかったときの配位子の位置を表す（図中の結合距離は X = Cl に対する値）．

$(d)^4$ 錯体の例にハロゲン化クロム(II)がある．これらの化合物はクロム(II)イオンを中心とする八面体の頂点にハロゲン化物イオンをもっているが，同じ平面上にある 4 個の配位子は，その平面の上下にある 2 個の配位子よりもクロム(II)イオンに近い距離にある（**図 5.8**）．

ハロゲン化クロム(II) が正八面体の構造をもつと仮定すれば，d 軌道のエネルギー準位は**図 5.9 (a)** で表される．ここで z 軸上の配位子を金属イオンから次第に遠ざけると，錯体の構造は上下方向に延びた八面体となり，そのときのエネルギー準位は (a) から (b) へと変化する．このとき注意しなければいけないことは，z 軸上の配位子が離れるにつれて xy 面上の配位子は金属イオンにやや接近することである．これは z 軸上の配位子との反発が減少するためで

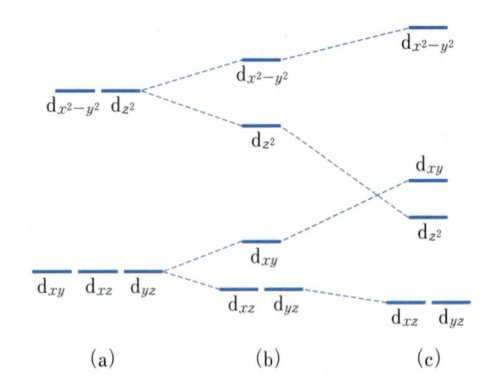

図 5.9 正八面体錯体で z 軸上の配位子を金属イオンから遠ざけたときの d 軌道のエネルギー準位の変化. (a) 正八面体錯体, (b) 上下方向に延びた八面体錯体, (c) 平面正方形錯体

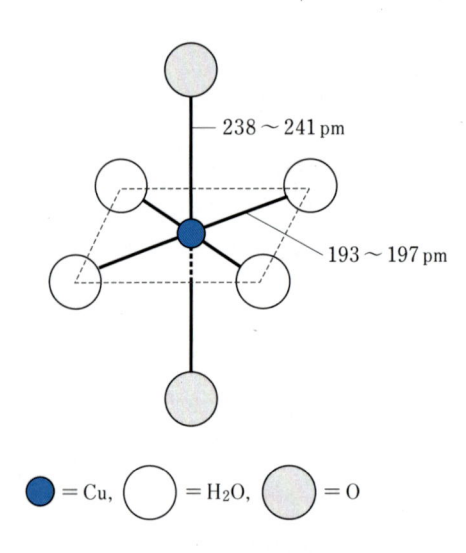

図 5.10 硫酸銅(II)五水和物の構造. ◯は硫酸イオンの酸素原子を示す.

ある. z 軸上の配位子が完全に離れてしまうと, 錯体は平面正方形となる. このときのエネルギー準位は (c) のようになる.

テトラアンミン銅(II)イオン $[Cu(NH_3)_4]^{2+}$ は, 固体化合物としては平面正方形錯体であるが, 水溶液中では銅(II)イオンと 4 分子のアンモニアがつくる正方形の上下方向の離れた位置に 2 個の水分子を結合していることが知られている. 結晶硫酸銅(II) $CuSO_4 \cdot 5H_2O$ は**図 5.10** が示すように, 銅(II)イオンを中心とする正方形の各頂点に水分子が位置し, この正方形の上下に 2 個の硫酸イオンが存在する. 硫酸イオンは酸素原子で銅(II)イオンと結合している. これらはいずれも上下方向に延びた八面体構造と考えることもできる.

5.6.2 幾何異性

錯体にみられる幾何異性は配位子の立体配置の違いによって生じるもので，すでに八面体コバルト錯体 $[CoCl_2(H_2O)_4]$ でその例をみた．八面体錯体で単座配位子に a, b の 2 種類があるとき，a（または b）が 2 個または 3 個含まれる錯体には幾何異性体が存在する．2 個の場合はシスとトランス（図 5.1 参照），3 個の場合はシス-シスとシス-トランスが区別される（**図 5.11**）．シス-シスの代わりに**ファク**（*fac*），シス-トランスの代わりに**メル**（*mer*）と書くこともある．*fac* は facial（面），*mer* は meridional（子午線）に由来する．2 種の配位子を 3 個ずつもつ錯体の例に**トリアンミントリニトロコバルト(III)**（triammine-trinitrocobalt(III)）$[Co(NO_2)_3(NH_3)_3]$ がある．この錯体は電荷をもたない．このような錯体の場合も，その名称は陽イオン錯体と同様に元素名で終わる．

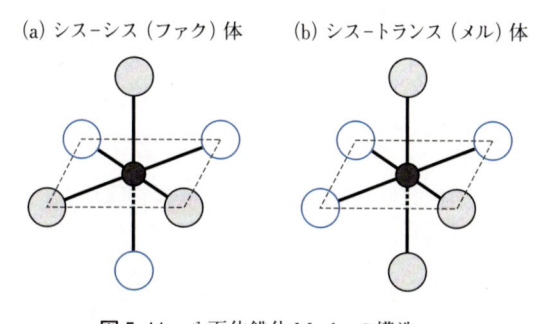

(a) シス-シス（ファク）体　　(b) シス-トランス（メル）体

図 5.11 八面体錯体 Ma_3b_3 の構造

(a) シス体　　(b) トランス体

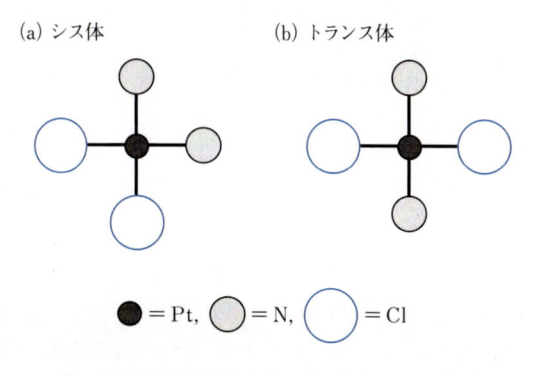

● = Pt, ◯ = N, ◯ = Cl

図 5.12 ジアンミンジクロロ白金(II)の構造

配位子が6個とも同じ種であるとき，あるいは1個だけが異なる種であるときは幾何異性体は存在しない．

幾何異性は平面正方形錯体にもみられる．**ジアンミンジクロロ白金(II)**（diamminedichloroplatinum(II)）[$PtCl_2(NH_3)_2$] には図 5.12 に示すシス体とトランス体が知られている．シス体を加熱するとトランス体に転移する．

5.6.3 光学異性

化合物を像にたとえると，像とその鏡像の関係にある2種の立体異性体が存在することを**光学異性**（optical isomerism），またその異性体を**光学異性体**（optical isomer）という．像と鏡像は右手と左手の関係にある．光学異性を**鏡像異性**（enantiomerism）ともいう．光学異性を示す化合物は分子内に対称面をもたないことが特徴である．

二座配位子が3分子配位した八面体錯体に光学異性がみられる．その例に**トリスエチレンジアミンコバルト(III)塩化物**（trisethylenediaminecobalt(III) chloride）がある．トリス（tris）は3を意味する倍数接頭語である．この錯体には図 5.13 の (a)，(b) で表される2種の光学異性体が存在する．

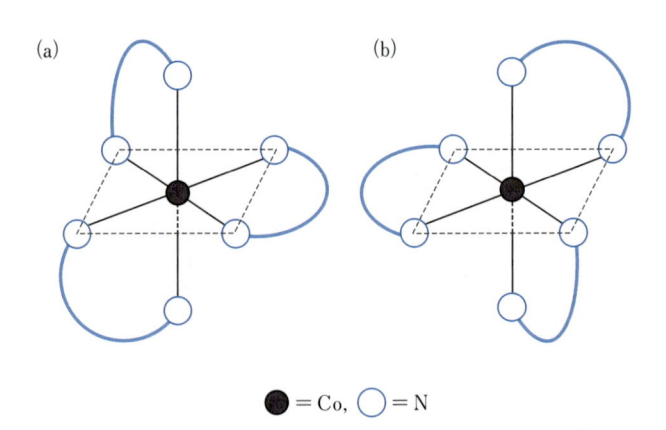

図 5.13 トリスエチレンジアミンコバルト(III)塩化物の光学異性体．太線はエチレンジアミンを表す．(a) と (b) はたがいに鏡像の関係にある．

5.6 立体化学

　光学異性体の水溶液は偏光を右または左に回転させる性質をもっている．これが旋光性であり，旋光性を示すことが**光学活性**（optically active）である．偏光を右（時計回り）に回転させるとき，これを**右旋性**（dextro-rotatory），左（反時計回り）に回転させるときを**左旋性**（levo-rotatory）という．右と左の鏡像異性体が同量存在すると，右旋性と左旋性がたがいに打ち消し合って，旋光性は現れない．このような混合物を**ラセミ混合物**（racemic mixture）という．

　かつては右旋性の光学異性体を記号 d，左旋性の異性体を l で表していたが，現在ではそれに代わって（+）-，（−）- が用いられている．旋光性は偏光の波長によっても変化するので，旋光の方向から中心金属イオンの周りの配位子の絶対配置を決定することはできない．錯体の立体化学表示の詳細については化合物命名法の専門書に譲る．

COLUMN
金を蓄積する植物

　地下深いところにある鉱物資源（鉱源）を探す方法の1つに生物地球化学探査がある．これは地表の植物を採取し，その中の特定の元素を分析する探査法であって，簡便なことが特徴である．鉱床の上方に分布する土壌は鉱床生成の影響を受け，鉱床構成元素の濃度が鉱床とは関係のない地域よりも高くなっているのが普通である．この探査法は，植物の元素組成に土壌中の元素濃度が反映されていることを利用したものである．ところがすべての植物種が対象となる元素を濃縮するわけではない．金属鉱業事業団は，金鉱床の探査に金が有効であり，低木のヤブムラサキに金を集積する性質があること，ヤブムラサキを分析することで金鉱床の所在が推定できることを報告した．金を濃縮するといっても，それは他の植物に比べての話であって，この植物から金を抽出できるという意味ではない．鹿児島県菱刈鉱山付近で調査した結果では，ヤブムラサキ中の平均金濃度が 3.87 ppm であるのに対し，それ以外のほとんどの植物では 1 ppm 以下であった．土壌中の金は不溶性の単体の形で存在すると考えられている．これが植物に吸収されるためには錯体として可溶化することが必要であるが，その機構はまだわかっていない．

演習問題

[1] 次の錯体の化学式を書け．[同じ分類（たとえば，陰イオン性）に入る配位子が2種類以上あるときは，配位子の化学式の最初の文字でアルファベット順に配列する．]

(a) ヘキサアンミンコバルト(Ⅲ)塩化物

(b) テトラアンミンジアクアコバルト(Ⅲ)塩化物

(c) テトラアンミンジクロロコバルト(Ⅲ)塩化物一水和物

(d) ヘキサニトロコバルト(Ⅲ)酸ナトリウム　[ニトロ (nitro) は亜硝酸イオン NO_2^- が配位子となったときの名称である．]

(e) ヘキサシアノ鉄(Ⅲ)酸カリウム

[2] 次の化学式で示された錯体の名称を書け．

(a) $[Cr(H_2O)_6]Cl_3$　　(d) $[Pt(NH_3)_6]Cl_4 \cdot H_2O$

(b) $K_3[Cr(CN)_6]$　　(e) $[PtCl(NH_3)_5]Cl_3 \cdot H_2O$

(c) $[Cr(CO)_6]$

[3] 組成が $CrCl_3 \cdot 6H_2O$ で与えられる化合物がある．この化合物を水に溶かし，溶液中の塩化物イオンを硝酸銀で滴定した．このとき滴定されたのは全体の塩化物イオンの 1/3 であった．この化合物の化学式を錯体の形で示せ．

[4] 2価金属イオンの硫酸塩が六水和物ではなく七水和物を生成するのはなぜか．

[5] ヘキサシアノコバルト(Ⅱ)酸イオン $[Co(CN)_6]^{4-}$ がヘキサシアノコバルト(Ⅲ)イオン $[Co(CN)_6]^{3-}$ に容易に酸化されるのはなぜか．

[6] 与えられた情報に基づいて，次の錯体の中心金属イオンの d 電子が t_{2g}, e_g 軌道に何個ずつ入っているかを示せ．

(a) $[Co(NH_3)_6]Cl_3$　　反磁性

(b) $K_3[Fe(CN)_6]$　　常磁性（不対電子を1個含む）

(c) $K_3[Mn(CN)_6]$　　常磁性（不対電子を2個含む）

[7] どのような場合に，ML_6 型錯体（M は中心金属，L は配位子を示す）が正八面体ではなく上下に延びた八面体となるか．

[8] d 軌道に電子をもたないマンガン(Ⅶ)錯体 MnO_4^- が可視部に強い吸収を示すのはなぜか．

第6章　溶液中の反応

　無機化学反応というとき，だれもが最初に考えるのは水溶液中の反応であろう．これは無機化合物の多くが水溶性であり，水が反応の媒体として重要であることを意味している．水に溶けること自体が，化合物と水との相互作用の結果である．水に難溶性の化合物は，その構成成分を含む可溶性化合物の水溶液を混合することで調製することができる．混合に伴って，酸塩基，酸化還元，あるいは配位子置換などの反応が起こることもある．この種の反応の結果を予測するためには，どのような情報が必要であろうか．

6.1　水溶液の性質

6.1.1　イオン反応

　無機化合物中でイオン化合物が占める割合は大きい．これらの化合物の生成過程としてはイオン反応が重要である．反応は原子，分子あるいはイオンなどの粒子と粒子の衝突によって起こる．反応が起こる確率は一定体積中に存在する粒子の数に比例するが，同時に粒子の速度にも依存する．速度からみれば，反応が起こるのに最も都合のよい状態は気体である．けれども気体の状態でイオン同士を衝突させることは非常に困難である．

　たとえば，塩化ナトリウムの結晶を加熱すると，塩化ナトリウムの蒸気が発生する．蒸気の中で塩化ナトリウムは NaCl という分子の形で存在する．この分子はナトリウムイオンと塩化物イオンのイオン対である．蒸気をさらに加熱すると，イオン対は構成イオンにではなく，構成原子に解離する．

$$\text{NaCl (g)} \longrightarrow \text{Na (g)} + \text{Cl (g)}$$

これはイオンに解離するよりも，原子に解離する方が必要なエネルギーが少な

くて済むからである．この原子をイオン化させるのにはさらに多量のエネルギーを供給しなければならない．

しかし，イオン結晶を水に溶かせば，結晶を構成している陽イオンと陰イオンの結合は切れて，それぞれは独立に行動することができる．そのために水溶液はイオン反応の場として重要である．ただし，水溶液中のイオンは真空中のイオンとは異なり，溶媒の水と弱く結合した状態にある．これがイオンの**水和**（hydration）とよばれる現象である．

6.1.2 水和エネルギー

原子，分子あるいはイオンが孤立した状態から，水に溶解して水和した状態になるまでの過程のエネルギー差のことを**水和エネルギー**（hydration energy）という．この値は近似的には**水和エンタルピー**（enthalpy of hydration）に等しい．水和エンタルピーは**水和熱**（heat of hydration）ともいい，定圧下で溶質を水で無限希釈したときに発生する，あるいは吸収する熱であって，記

表6.1 イオンの水和エンタルピー

イオン	$\Delta_{hyd}H$/kJ mol^{-1}	半径/pm	イオン	$\Delta_{hyd}H$/kJ mol^{-1}	半径/pm
Li$^+$	-536.3	74	Cd^{2+}	-1791	95
Na$^+$	-420.8	102	Pb^{2+}	-1464	118
K$^+$	-337.1	138			
Rb$^+$	-312.5	152	Mn^{3+}	-4648	64.5
Cs$^+$	-287.3	170	Fe^{3+}	-4393	64.5
Ag$^+$	-471.5	115	Co^{3+}	-4774	61
Tl$^+$	-326	150	Al^{3+}	-4690	53
			In^{3+}	-4167	80
Be^{2+}	-2470	35	Tl^{3+}	-4130	89
Mg^{2+}	-1908	72			
Ca^{2+}	-1577	100	F$^-$	-513.6	133
Sr^{2+}	-1456	113	Cl$^-$	-362.8	181
Ba^{2+}	-1289	136	Br$^-$	-331.8	196
Mn^{2+}	-1833	83	I$^-$	-291.5	220
Cu^{2+}	-2088	73	ClO$_4^-$	-239	
Zn^{2+}	-2029	75			

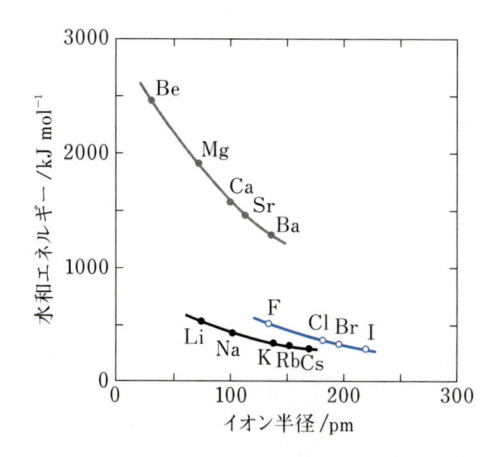

図 6.1 イオン半径と水和エネルギーの関係

号 $\Delta_{\mathrm{hyd}}H$ で表される．標準大気圧下のイオンの水和エンタルピーを**表 6.1** に示す．表中のイオン半径は原則として 6 配位に対する値である．

イオンの水和エンタルピーはイオンの電荷が大きいほど，電荷が同じであれば半径が小さいほど大きくなる．このことはイオンと水との間のクーロン引力によって説明することができる．しかしながら，電荷が同じであっても，水和エンタルピーとイオン半径の関係は典型元素と遷移元素で異なり，典型元素の中でも周期表の族によって異なっている．**図 6.1** に示すように，半径が同じであれば，アルカリ金属イオンよりもハロゲン化物イオンの方が水和エンタルピーは大きい．

溶質の溶解に伴って発生する熱，または吸収される熱を**溶解エンタルピー**（enthalpy of dissolution）といい，記号 $\Delta_{\mathrm{sol}}H$ で表す．溶解エンタルピーは**溶解熱**（heat of dissolution）ともいう．溶解エンタルピーは図 6.2 に示すように，格子エネル

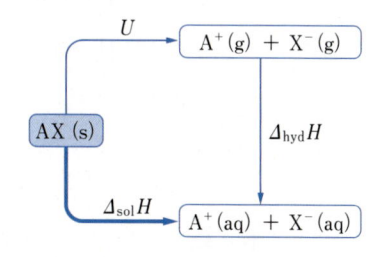

図 6.2 溶解エンタルピーが格子エネルギーと水和エンタルピーの和として求められることを示す図．A^+，X^- の後の（aq）はこれらのイオンが水溶液の状態にあることを示す．aq はラテン語の aqua（水）に由来する．

ギー U と水和エンタルピー $\Delta_{\mathrm{hyd}}H$ から計算することができる．すなわち，

$$\Delta_{\mathrm{sol}}H = U + \Delta_{\mathrm{hyd}}H \tag{6.1}$$

である．ただし，この方法で求めた溶解エンタルピーと実測値の間にはいくらかのずれがある．

塩化リチウムの格子エネルギーは $839\,\mathrm{kJ\,mol^{-1}}$，リチウムイオンと塩化物イオンの水和エンタルピーはそれぞれ -536.3，$-362.8\,\mathrm{kJ\,mol^{-1}}$ である．従って，溶解エンタルピー $\Delta_{\mathrm{sol}}H$ は次のように計算される．

$$\Delta_{\mathrm{sol}}H = 839 + (-536.3) + (-362.8) = -60\,\mathrm{kJ\,mol^{-1}}$$

溶解エンタルピーが負の値になることは発熱を表す．実測値は $-37.0\,\mathrm{kJ\,mol^{-1}}$ である．この例とは反対に溶解エンタルピーの値が正，すなわち吸熱であって，しかもその値が非常に大きいときは溶解が起こらない．メタノール，エタノールなどの有機溶媒に対するイオンの溶媒和エンタルピーは一般に小さいので，多くのイオン結晶はアルコールよりも水によく溶ける．

6.1.3 溶解度にみられる規則性

格子エネルギーと水和エネルギーだけからイオン結晶の溶解度を予測することは非常に困難である．これはそれ以外にも多くの因子が溶解度に関与しているからである．温度はその1つであって，溶解度が温度の影響を大きく受けることは溶解度のデータをみれば直ちに理解できることである．

電気的に陽性な元素と陰性な元素からなる二元イオン化合物の溶解度について考察する．その代表はハロゲン化アルカリである．ハロゲン化アルカリはそのほとんどが水によく溶けるので，溶解度は飽和溶液 100 g に含まれる溶質の質量（単位：g），すなわち，質量％で示されるのが普通である．しかし，溶解度の相互比較のためには水 1 kg に溶ける溶質の物質量（単位：mol）で表すのが便利である．この濃度単位を**質量モル濃度**（molality）という．その単位は $\mathrm{mol\,kg^{-1}}$ である．

溶解度を相互比較する上で注意しなければならないことがある．それは同じ化学式をもつ化合物であっても構造が異なれば溶解度も異なることである．ク

ロム酸カルシウム二水和物 $CaCrO_4 \cdot 2H_2O$ には単斜晶系と斜方晶系の二形が知られている．これらの 20 ℃ における水に対する溶解度は無水塩としてそれぞれ 14.22，10.3 質量 % である．この温度では無水塩の溶解度はさらに小さく，約 2.0 質量 % である．従って，熱力学的に安定な相は無水塩であって，水和物はどちらも準安定である．

イオン結晶の溶解度は，水和の状態によっても変化する．溶液の温度が高くなるほど水和数の小さい塩が安定になる．溶液と共存するフッ化カリウムでは 17.7 ℃ 以下では四水和物，40.2 ℃ 以下では二水和物，それ以上の温度では無水塩が安定である．**図 6.3** にフッ化カリウムの溶解度を示した．この図が示すように，温度が異なれば溶液と共存する固相の種類が異なることがある．

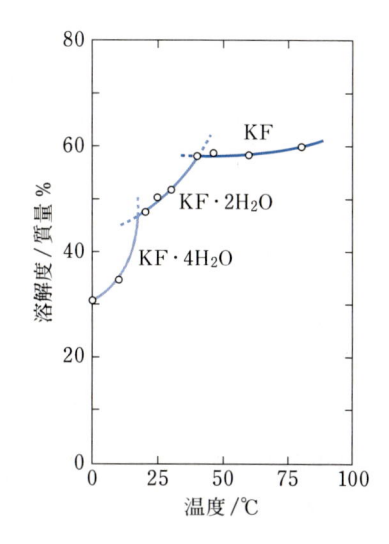

図 6.3 フッ化カリウムの溶解度（飽和溶液 100 g 中の無水物の質量/g）

表 6.2 は 25 ℃ におけるハロゲン化アルカリの溶解度である．一部の塩は水和物の形で存在している．表からは次のような規則性を読みとることができる．

① 陽イオン，陰イオンとも半径が小さい塩の溶解度は小さい（例：LiF）．またこれとは逆に陽イオン，陰イオンとも半径が大きい塩も比較的溶解度

表 6.2 ハロゲン化アルカリの水に対する溶解度（質量モル濃度）

イオン	Li^+	Na^+	K^+	Rb^+	Cs^+
F^-	0.051	0.99	17.50*	28.81*	24.04
Cl^-	19.99*	6.15	4.81	7.76	11.30
Br^-	21.20*	9.19*	5.70	7.01	5.80
I^-	12.51*	12.26*	8.92	7.81	3.29

25 ℃ における値．*は溶液と共存する固相が水和物であることを示す．

表6.3 アルカリ金属オキソ酸塩の水に対する溶解度（質量モル濃度）

イオン	Li$^+$	Na$^+$	K$^+$	Rb$^+$	Cs$^+$
NO$_3^-$	12.26*	10.82	3.75	4.43	1.41
ClO$_3^-$	49.39*	9.40	0.70	0.38	0.35
ClO$_4^-$	5.63*	17.20	0.15	0.066	0.088
MnO$_4^-$	3.26*	11.30	0.48	0.054	0.0092

25℃における値．*は溶液と共存する固相が水和物であることを示す．

が小さい（例：CsI）．

② 陽イオンと陰イオンの大きさに差のある塩は溶解度が大きい（例：RbF，CsF，LiBr，LiI）．

この規則性を一般化すると，半径の大きい陰イオンのアルカリ金属塩の溶解度は，Li塩＞Na塩＞K塩＞Rb塩＞Cs塩の順になることが予測できる．半径の大きい陰イオンとしてはオキソ酸イオンがある．このイオンは非金属あるいは金属イオンに酸化物イオンが配位して生じたもので，1価イオンの例には硝酸イオン NO$_3^-$，塩素酸イオン ClO$_3^-$，過塩素酸イオン ClO$_4^-$，過マンガン酸イオン MnO$_4^-$ などがある．**表6.3**はこの結論が妥当であることを示している．ほとんどの無機硝酸塩と過塩素酸塩が水によく溶けることはよく知られた事実である．

アルカリ金属イオン以外の1価陽イオンには，銅(I)イオン，銀(I)イオン，金(I)イオン，タリウム(I)イオンなどが含まれる．銀(I)イオン（半径 115 pm），タリウム(I)イオン（半径 150 pm）のハロゲン化物を例に，アルカリ金属のハロゲン化物と溶解度を比較してみる．これらの溶解度が類似しているのであれば，銀(I)塩の溶解度はイオン半径から判断して，ナトリウム塩とカリウム塩の中間の溶解度，タリウム(I)塩はルビジウム塩の溶解度を示すはずである．ところが銀(I)塩，タリウム(I)塩ともフッ化物はよく水に溶けるが，塩化物，臭化物，ヨウ化物はどれも難溶性であり，溶解度はその順に小さくなる．

フッ化銀結晶中の銀(I)イオンとフッ化物イオンの核間距離は 246 pm であって，これはそれぞれのイオン半径の和 115 ＋ 133 ＝ 248 pm にほぼ等しい．

従って，銀(I)イオンとフッ化物イオンの結合はイオン性であって，フッ化銀の溶解度は表 6.2 のハロゲン化アルカリの溶解度から予想されるものに近い．また，硝酸銀(I)，過塩素酸銀(I) などが水によく溶けることは，これらの結晶がイオン結晶であることを意味している．

これに対して塩化銀結晶中では銀(I)イオンと塩化物イオンの原子間距離は 277 pm である．イオン半径の和は 115 + 181 = 296 pm であって，原子間距離よりもはるかに長い．これは結晶中の Ag−Cl 結合が共有結合性であることを示唆している．この傾向は臭化銀，ヨウ化銀にもみられる．結合の性質の違いが溶解度にも反映されているのである．

2価あるいはそれ以上の多価陽イオンの塩は，含まれる陰イオンが1価である場合を除けば，難溶であることが多い．塩の溶解性はイオン価だけで決まるものではなく，2価陽イオンでもアルカリ土類金属（カルシウム，ストロンチウム，バリウム）イオンと遷移元素イオンでは塩の溶解性に大きな違いがみられる．アルカリ土類金属の硫酸塩は水に難溶であるが，遷移元素の塩は可溶である．

代表的な多価陰イオンにはリン酸イオン PO_4^{3-}，ヒ酸イオン AsO_4^{3-} がある．アルカリ金属塩を除けばリン酸塩，ヒ酸塩は水に溶けない．

難溶性塩を AB とすれば，その飽和溶液中の平衡は式 (6.2) で表される．

$$AB(s) \longrightarrow A + B \tag{6.2}$$

この反応に対する平衡定数 K は式 (6.3) で与えられる．

$$K = \frac{[A][B]}{[AB(s)]} \tag{6.3}$$

溶存種 A, B の濃度は**モル濃度**（molarity）で表される．モル濃度とは溶液 1 dm^3 に含まれる溶質の量を物質量で表したもので，その単位は $mol\ dm^{-3}$ である．固相の濃度は純粋な状態を単位濃度と約束するので，$[AB(s)] = 1$ となる．従って，式 (6.3) は次のように書くことができる．

$$K = [A][B] \tag{6.4}$$

この K のことを**溶解度積**（solubility product）といい，K_{sp} と書くことが多

表 6.4　難溶性無機塩の常温における溶解度積

化合物	溶解度積	化合物	溶解度積
フッ化物		$CoCO_3$	1.5×10^{-10}
BaF_2	1.0×10^{-6}	$Dy_2(CO_3)_3$	3.2×10^{-32}
CaF_2	3.5×10^{-11}	$FeCO_3$	3.5×10^{-11}
MgF_2	6.5×10^{-9}	$Gd_2(CO_3)_3$	6.3×10^{-33}
PbF_2	2.7×10^{-8}	$La_2(CO_3)_3$	4.0×10^{-34}
SrF_2	2.5×10^{-9}	$MgCO_3 \cdot 3H_2O$	8.9×10^{-6}
塩化物		$MnCO_3$	1.8×10^{-11}
$AgCl$	1.8×10^{-10}	$Nd_2(CO_3)_3$	1.0×10^{-33}
$CuCl$	2.5×10^{-7}	$NiCO_3$	6.6×10^{-9}
$PbCl_2$	1.7×10^{-5}	$PbCO_3$	3.3×10^{-14}
臭化物		$Sm_2(CO_3)_3$	3.2×10^{-33}
$AgBr$	7.7×10^{-13}	$SrCO_3$	9.3×10^{-10}
$CuBr$	5.5×10^{-9}	UO_2CO_3	5.5×10^{-15}
$PbBr_2$	6.6×10^{-6}	$Yb_2(CO_3)_3$	7.9×10^{-32}
$PdBr_2$	1.1×10^{-13}	$ZnCO_3$	1.4×10^{-11}
ヨウ化物		**硫化物**	
AgI	1.5×10^{-16}	Ag_2S	6×10^{-50}
CuI	1.2×10^{-12}	Bi_2S_3	1×10^{-97}
水酸化物		CdS	5×10^{-28}
$Al(OH)_3$	1.9×10^{-32}	$CoS(\alpha)$	5×10^{-22}
$Ca(OH)_2$	5.0×10^{-6}	Cu_2S	3×10^{-48}
$Cd(OH)_2$	7.2×10^{-15}	CuS	6×10^{-36}
$Co(OH)_2$	1.3×10^{-15}	FeS	6×10^{-18}
$Co(OH)_3$	3.2×10^{-45}	HgS	4×10^{-53}
$Cr(OH)_2$	2.0×10^{-20}	In_2S_3	5.8×10^{-74}
$Cr(OH)_3$	6.3×10^{-31}	La_2S_3	2×10^{-13}
$Fe(OH)_2$	1.6×10^{-14}	$NiS(\alpha)$	3×10^{-19}
$Fe(OH)_3$	1.1×10^{-36}	PbS	3×10^{-28}
$Mg(OH)_2$	1.8×10^{-11}	SnS	1×10^{-27}
$Mn(OH)_2$	2×10^{-13}	$ZnS(\alpha)$	4.3×10^{-25}
$Ni(OH)_2$	5.5×10^{-16}	**硫酸塩**	
$Pb(OH)_2$	1.1×10^{-20}	Ag_2SO_4	1.2×10^{-5}
$Pd(OH)_2$	1×10^{-31}	$BaSO_4$	1.1×10^{-10}
$Sn(OH)_2$	1.4×10^{-28}	$CaSO_4$	4.9×10^{-5}
$Sr(OH)_2$	9×10^{-4}	$PbSO_4$	7.2×10^{-8}
$Zn(OH)_2$	2×10^{-15}	$SrSO_4$	3.2×10^{-7}
炭酸塩		**クロム酸塩**	
Ag_2CO_3	8.1×10^{-12}	Ag_2CrO_4	2.4×10^{-12}
$BaCO_3$	5.1×10^{-9}	$BaCrO_4$	1.2×10^{-10}
$CaCO_3$	4.6×10^{-9}	Hg_2CrO_4	2.0×10^{-9}

表6.4 （続き）

化合物	溶解度積	化合物	溶解度積
$PbCrO_4$	1.8×10^{-14}	$DyPO_4$	3.6×10^{-23}
$SrCrO_4$	3.6×10^{-5}	$FePO_4$	1.3×10^{-22}
リン酸塩		$LaPO_4$	3.7×10^{-23}
$AlPO_4$	1.3×10^{-20}	$Mg_3(PO_4)_2$	2×10^{-27}
$Ba_3(PO_4)_2$	3.4×10^{-23}	$Ni_3(PO_4)_2$	5×10^{-31}
$Be_3(PO_4)_2$	1.9×10^{-38}	$Pb_3(PO_4)_2$	8×10^{-43}
$BiPO_4$	1.3×10^{-23}	$Sr_3(PO_4)_2$	1.6×10^{-28}
$Cd_3(PO_4)_2$	2.5×10^{-33}	$Th_3(PO_4)_4$	2.6×10^{-79}
$Co_3(PO_4)_2$	2×10^{-35}	$(UO_2)_3(PO_4)_2$	8.2×10^{-50}
$CrPO_4$（緑）	2.4×10^{-23}	$YbPO_4$	8.2×10^{-23}
$Cu_3(PO_4)_2$	1.3×10^{-37}	$Zn_3(PO_4)_2$	9.1×10^{-33}

い．難溶性塩の溶解度は溶解度積で表されるのが普通である．

難溶性無機塩の溶解度積の例を**表6.4**に示した．化学的性質のよく似た一群の元素が共通の陽イオン（または陰イオン）と結合して同じ型の塩をつくるとき，これらの塩の溶解度はイオン半径をパラメータとして評価することができる．

化学的性質の似た元素群としてはランタノイドが有名である．3価ランタノイドの水酸化物は水に難溶であって，その溶解度積はランタノイドイオンの半径とともに**図6.4**に示すように変化する．この図は，イオン半径は既知であるが，溶解度積が未知の水酸化物の溶解度積の推定に利用することができる．

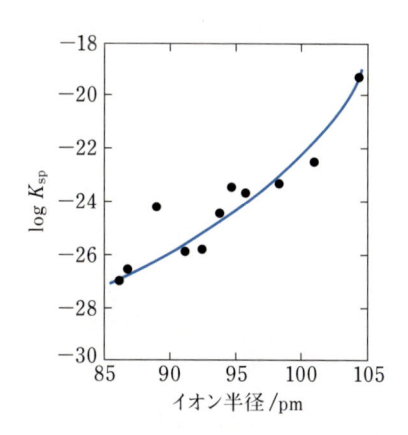

図6.4 3価ランタノイドイオンの半径と水酸化物の溶解度積の対数（$\log K_{sp}$）の関係

6.2 酸と塩基

6.2.1 酸と塩基の定義

(1) 古典的な考え方

酸と塩基は古くから知られている物質である．古典的な表現をするならば，**酸**（acid）とは水素化合物であって，水溶液中で水素イオン H^+ を与える化合物であり，**塩基**（base）とは水酸化物であって，水溶液中で水酸化物イオン OH^- を与える化合物のことである．この定義に従うと，塩化水素 HCl，硫酸 H_2SO_4 は酸であるが，二酸化硫黄 SO_2，二酸化炭素 CO_2 は酸ではない．どちらの酸化物も水素を含んでいないからである．また，水酸化ナトリウム NaOH，水酸化カルシウム $Ca(OH)_2$ は塩基であるが，アンモニア NH_3 は塩基ではない．

酸は塩基と反応して**塩**（salt）を生成する．この過程を**中和**（neutralization）という．中和によって酸，塩基ともそれぞれに特徴的な性質を失う．これは酸を特徴付けている水素イオン，塩基を特徴付けている水酸化物イオンが次の反応によって消滅するからである．

$$H^+ + OH^- \longrightarrow H_2O \tag{6.5}$$

この反応は非常に速いことが特徴である．

塩基とはみなされないアンモニアも酸を中和することができる．塩酸にアンモニアを溶解すると，塩酸は中和されて塩化アンモニウムになる．

$$HCl + NH_3 \longrightarrow NH_4Cl \tag{6.6}$$

アンモニア水がアルカリ性を示すことから，水溶液中に水酸化物イオンが存在することは確かであるが，アンモニアの濃度から予想されるほど水酸化物イオンの濃度は高くはない．水に溶解したアンモニアの大部分は水和した気体分子 $NH_3(aq)$ として存在している．二酸化硫黄，二酸化炭素もアンモニアと同様に水和した気体分子の形で水に溶けていることが知られている．

水素イオンはプロトンに他ならない．プロトンが遊離の形で水溶液中に存在することはなく，水 H_2O と結合してオキソニウムイオン H_3O^+ となっている．

(2) ブレンステッドの酸と塩基

1923年，Brønsted（ブレンステッド）は，酸とはプロトンを与えることができる物質，塩基とはプロトンを受け取ることができる物質と定義した．この定義に従う酸を**ブレンステッド酸**（Brønsted acid），塩基を**ブレンステッド塩基**（Brønsted base）という．プロトンを与えることができる物質は**プロトン供与体**（proton donor），プロトンを受け取ることができる物質は**プロトン受容体**（proton acceptor）とよばれる．たとえば，塩酸はプロトン供与体であるから酸である．

$$HCl \longrightarrow H^+ + Cl^- \quad (6.7)$$

これに対して塩化物イオンは他の物質からプロトンを受け取って塩化水素になることができるのでプロトン受容体，すなわち，塩基である．

水溶液中の反応に関与するのはプロトンではなく，オキソニウムイオンであることを考えれば，式 (6.7) は次のように書くのが正しい．

$$HCl + H_2O \longrightarrow H_3O^+ + Cl^- \quad (6.8)$$

ここで Cl^- を酸 HCl の**共役塩基**（conjugate base），HCl を塩基 Cl^- の**共役酸**（conjugate acid）という．また，HCl と Cl^- はたがいに共役であるともいう．

同様にオキソニウムイオンも酸であって，水はその共役塩基である．酸塩基反応は2種類の化学種間でプロトンが交換される反応であって，式 (6.8) は次のように分けて書くことができる．

$$HCl \longrightarrow H^+ + Cl^-$$
$$H_2O + H^+ \longrightarrow H_3O^+$$

これらの式からプロトンを消去すれば式 (6.8) が得られる．

硫酸は次のように2段に解離する．

$$H_2SO_4 + H_2O \longrightarrow H_3O^+ + HSO_4^- \quad (6.9)$$
$$HSO_4^- + H_2O \longrightarrow H_3O^+ + SO_4^{2-} \quad (6.10)$$

式 (6.9) の反応では硫酸 H_2SO_4 が酸で，硫酸水素イオン HSO_4^- がその共役塩基である．これに対して式 (6.10) では硫酸水素イオンが酸で，硫酸イオン

SO_4^{2-} がその共役塩基となる．この例が示すように，同じ化学種でも条件に応じて酸あるいは塩基になることがある．

水 H_2O はプロトンを放出することも，プロトンを受け入れることもできる化学種の例である．

$$H_2O \longrightarrow H^+ + OH^- \qquad (6.11)$$

$$H_2O + H^+ \longrightarrow H_3O^+ \qquad (6.12)$$

式 (6.11)，(6.12) から H^+ を消去すれば，

$$2H_2O \longrightarrow H_3O^+ + OH^- \qquad (6.13)$$

この反応を水の**自己プロトリシス**（autoprotolysis）という．平衡定数を K_w とすれば，

$$K_w = \frac{[H_3O^+][OH^-]}{[H_2O]^2}$$

溶媒の濃度は純粋な状態を単位濃度と約束するので，この場合の $[H_2O]$ は 1 である．従って，

$$K_w = [H_3O^+][OH^-] \qquad (6.14)$$

となる．この K_w のことを自己プロトリシス定数，または**水のイオン積**（ion product of water）という．

溶液中で $[H_3O^+] = [OH^-]$ が成立するとき，その溶液は中性である．そのときの pH は次の式で与えられる．

$$pH = -\log \sqrt{K_w} \qquad (6.15)$$

よく知られているように，25℃ においては $K_w = 1.0 \times 10^{-14} (mol\ dm^{-3})^2$ である．これは pH 7.0 に相当する．しかしながら K_w は温度とともに変化するので，中性 pH も温度の関数であることを記憶しておく必要がある．たとえば，100℃ における中性 pH は 5.6 である．

(3) ルイスの酸と塩基

ブレンステッドの塩基に共通した性質は，どの塩基も非共有電子対をもっていることである．このためプロトンとの間に配位結合をつくることができるのである．1923 年，Lewis（ルイス）はこのことに着目し，酸は**電子対受容体**

(electron-pair acceptor) であり，塩基は**電子対供与体** (electron-pair donor) であるという定義を与えた．Lewis の定義に従う酸，塩基を**ルイス酸** (Lewis acid)，**ルイス塩基** (Lewis base) という．ブレンステッドの酸，塩基はすべてルイスの酸，塩基に含まれる．

Lewis の定義に従えば，錯体を構成する中心金属イオンは酸，配位子は塩基である．たとえば，

$$Ag^+ + 2NH_3 \longrightarrow [Ag(NH_3)_2]^+$$

において，銀(I)イオンは酸，アンモニアは塩基となる．通常の酸塩基反応ばかりでなく，錯形成反応もルイス酸とルイス塩基の反応として扱われることになる．

6.2.2 酸，塩基の強さ

(1) ブレンステッド酸と塩基

酸，塩基に対して強酸，弱酸あるいは強塩基，弱塩基という表現が用いられる．このときの強弱は，酸でいえばプロトンを他の化学種に与える能力，塩基でいえば他の化学種からプロトンを取り込む能力の大小を表している．

ブレンステッド酸 HA の強さは，水分子がプロトン受容体であるときの反応の平衡定数で測ることができる．

$$HA + H_2O \longrightarrow H_3O^+ + A^-$$

この反応に対する平衡定数を K_a とすれば，

$$K_a = \frac{[H_3O^+][A^-]}{[HA][H_2O]}$$

酸水溶液が希薄溶液とすれば，$[H_2O] = 1$，従って，この式は次のように書くことができる．

$$K_a = \frac{[H_3O^+][A^-]}{[HA]} \qquad (6.16)$$

この K_a のことを**酸解離定数** (acid dissociation constant) という．酸 HA が強酸であれば，水溶液中で完全に解離しているので，事実上 $[HA] = 0$ となり，

K_a は非常に大きな値となる.反対に弱酸であれば,酸の解離は不完全であり,K_a は小さな値となる.このように K_a は広い範囲にわたって変化するので,そのままの値ではなく,逆数の対数値 $-\log K_a$ として表し,これを pK_a と書く.

$$pK_a = -\log K_a \tag{6.17}$$

酸解離定数は温度によって変化する.表6.5は主な酸の25℃における pK_a 値を示したものである.

　塩基の強さは水分子からプロトンを引き抜いて共役酸を生じる反応の平衡定数によって測ることができる.塩基を B で表せば,共役酸は HB^+ となる.

$$B + H_2O \longrightarrow HB^+ + OH^-$$

この反応の平衡定数を K_b とすれば,

$$K_b = \frac{[HB^+][OH^-]}{B} \tag{6.18}$$

K_b が大きいほど,B は強い塩基である.

　共役酸 HB^+ の酸解離反応は,

$$HB^+ + H_2O \longrightarrow B + H_3O^+$$

酸解離定数 K_a を求めると,

$$K_a = \frac{[B][H_3O^+]}{[HB^+]} \tag{6.19}$$

式(6.18),(6.19) の積をつくると,

$$K_a K_b = [H_3O^+][OH^-] = K_w \tag{6.20}$$

すなわち,K_a と K_b の積は式 (6.14) に示した水のイオン積に等しい.

　この関係から,酸が強酸であればその共役塩基は弱塩基であり,酸が弱酸であればその共役塩基は強塩基となることがわかる.塩酸は強酸である.次の反応の平衡は完全に右辺に寄っている.

$$HCl + H_2O \longrightarrow H_3O^+ + Cl^-$$

共役塩基の Cl^- は弱塩基である.次の反応の平衡は完全に左辺に寄っている.

$$Cl^- + H_2O \longrightarrow HCl + OH^-$$

6.2 酸と塩基

表 6.5 水溶液中の酸の常温における pK_a

酸の名称	酸	共役塩基	pK_a
過塩素酸	$HClO_4$	ClO_4^-	
ヨウ化水素酸	HI	I^-	~ -10
臭化水素酸	HBr	Br^-	~ -9
塩酸	HCl	Cl^-	~ -8
硝酸	HNO_3	NO_3^-	
オキソニウムイオン	H_3O^+	H_2O	-1.74
イソチオシアン酸	$HNCS$	NCS^-	-1.1
硫酸	H_2SO_4	HSO_4^-	
セレン酸	H_2SeO_4	$HSeO_4^-$	
ヨウ素酸	HIO_3	IO_3^-	0.77
二リン酸	$H_4P_2O_7$	$H_3P_2O_7^-$	0.8
シュウ酸	$H_2C_2O_4$	$HC_2O_4^-$	1.04
ホスフィン酸	HPH_2O_2	$PH_2O_2^-$	1.23
ホスホン酸	H_2PHO_3	$HPHO_3^-$	1.5
セレン酸水素イオン	$HSeO_4^-$	SeO_4^{2-}	1.70
亜硫酸*	H_2SO_3	HSO_3^-	1.86
硫酸水素イオン	HSO_4^-	SO_4^{2-}	1.99
リン酸	H_3PO_4	$H_2PO_4^-$	2.15
二リン酸三水素イオン	$H_3P_2O_7^-$	$H_2P_2O_7^{2-}$	2.2
ヘキサアクア鉄(Ⅲ)イオン	$Fe(H_2O)_6^{3+}$	$Fe(OH)(H_2O)_5^{2+}$	2.20
ヒ酸	H_3AsO_4	$H_2AsO_4^-$	2.24
亜セレン酸	H_2SeO_3	$HSeO_3^-$	2.62
テルル化水素	H_2Te	HTe^-	2.64
亜硝酸	HNO_2	NO_2^-	3.15
フッ化水素酸	HF	F^-	3.17
シアン酸	$HOCN$	OCN^-	3.48
ギ酸	HCO_2H	HCO_2^-	3.55
シュウ酸水素イオン	$HC_2O_4^-$	$C_2O_4^{2-}$	3.82
セレン化水素	H_2Se	HSe^-	3.89
アジ化水素	HN_3	N_3^-	4.65
酢酸	CH_3CO_2H	$CH_3CO_2^-$	4.76
ヘキサアクアアルミニウム(Ⅲ)イオン	$Al(H_2O)_6^{3+}$	$Al(OH)(H_2O)_5^{2+}$	4.89
テルル化水素イオン	HTe^-	Te^{2-}	5.00
炭酸**	H_2CO_3	HCO_3^-	6.35
二リン酸二水素イオン	$H_2P_2O_7^{2-}$	$HP_2O_7^{3-}$	6.70
硫化水素	H_2S	HS^-	7.02
亜硫酸水素イオン	HSO_3^-	SO_3^{2-}	7.19
リン酸二水素イオン	$H_2PO_4^-$	HPO_4^{2-}	7.20

表 6.5 （続き）

酸の名称	酸	共役塩基	pK_a
次亜塩素酸	HClO	ClO$^-$	7.53
次亜臭素酸	HBrO	BrO$^-$	8.62
メタ亜ヒ酸	HAsO$_2$	AsO$_2^-$	9.08
シアン化水素	HCN	CN$^-$	9.21
ホウ酸	H$_3$BO$_3$	H$_2$BO$_3^-$	9.24
アンモニウムイオン	NH$_4^+$	NH$_3$	9.24
炭酸水素イオン	HCO$_3^-$	CO$_3^{2-}$	10.33
次亜ヨウ素酸	HIO	IO$^-$	10.64
過酸化水素	H$_2$O$_2$	HO$_2^-$	11.65
リン酸一水素イオン	HPO$_4^{2-}$	PO$_4^{3-}$	12.35
硫化水素イオン	HS$^-$	S^{2-}	13.9
セレン化水素イオン	HSe$^-$	Se^{2-}	15.0

* 亜硫酸の塩は多数知られているが，遊離酸は知られていない．二酸化硫黄の水溶液が酸性を示すことから亜硫酸 H$_2$SO$_3$ の存在が考えられたが，溶液中の存在する種は水和した二酸化硫黄 SO$_2$(aq) である．これが酸性を示すのは，次のような解離が起こっているからである．

$$SO_2(aq) \longrightarrow H_3O^+ + HSO_3^-$$

亜硫酸に対する酸解離定数 K_a は，次のような意味をもっている．

$$K_a = \frac{[H_3O^+][HSO_3^-]}{[SO_2(aq)]}$$

** 炭酸は二酸化炭素水溶液中に存在するが，単離することはできない．水中の二酸化炭素の大部分は水和した分子 CO$_2$(aq) であって，常温ではその約 1/600 だけが H$_2$CO$_3$ として存在する．炭酸に対する第一酸解離定数 K_a は次のように計算されている．

$$K_a = \frac{[H_3O^+][HCO_3^-]}{[CO_2(aq) + H_2CO_3]}$$

真の H$_2$CO$_3$ だけの酸解離定数は pK_a で約 3.6 となり，これは酢酸よりも強い酸となる．

　これに対して硫化水素 H$_2$S の解離で生じる硫化水素イオン HS$^-$ は弱酸であるが，塩基としては中程度の強さをもつ．このため硫化水素ナトリウム NaHS を水に溶かすとその溶液はアルカリ性となる．硫化ナトリウム Na$_2$S の溶液はさらに強いアルカリ性を示す．硫化物イオン S^{2-} はプロトンとの親和性が強く，水分子からプロトンを引き抜いて水酸化物イオンを遊離させるためである．

$$S^{2-} + 2H_2O \longrightarrow H_2S + 2OH^-$$

酸の強さにある種の規則性が認められる．

① 二塩基酸 H_2A では遊離酸よりも，その解離で生じた陰イオン種 HA^- の方が弱い酸である．陰イオン種の電荷が大きいほど，プロトンを強く引き付けるようになる．弱酸であるほど，プロトンを放出しにくいことはすでにみた通りである．このことは三塩基酸にも当てはまる．

$$硫化水素酸：H_2S > HS^- > S^{2-}$$

$$硫酸：H_2SO_4 > HSO_4^- > SO_4^{2-}$$

$$リン酸：H_3PO_4 > H_2PO_4^- > HPO_4^{2-} > PO_4^{3-}$$

② 同族の元素がつくる二元水素化物 HA，H_2A などでは，結合距離 $H-A$ が長いほど強酸となる．結合距離が長いことは，結合が切れやすい，すなわち，プロトンが放出されやすいことを意味している．たとえば，

$$H_2O < H_2S < H_2Se < H_2Te$$

同様に次のような酸の強さの順が予想される．

$$HF < HCl < HBr < HI$$

しかし，水溶液中ではフッ化水素酸以外は完全に解離しているので，酸の強さの順を決めることはできない．これは水を溶媒として酸の解離定数を測定しているためで，水よりも強い酸，たとえば，酢酸を溶媒として用いるならば，水溶液中の強酸について強さの順序づけが可能となる．

③ オキソ酸 (oxoacid) の酸の強さにもある種の規則性が認められる．オキソ酸とは中心原子 X に結合している原子のすべてが酸素原子であって，酸素原子の一部またはすべてに水素原子が結合した化合物のことである．オキソ酸は一般式 H_mXO_n で表すことができる．

オキソ酸の酸の強さは，中心原子の酸化数と中心原子－酸素原子間の距離に依存する．とくに酸化数の影響が大きい．中心原子の酸化数が大きいほど強酸となる．

$$HClO_4 > H_2SO_4 > H_3PO_4 > H_4SiO_4$$

これは中心原子の酸化数が大きいほど，酸素原子のもつ電子を中心原子の方に強く引き付けるので，酸素原子と結合しているプロトンをつなぎ止める力が弱くなるためである．

中心原子が酸素原子中の電子を引き付ける力は中心原子－酸素原子間の距離が大きいほど弱くなる．このためプロトンは酸素原子と強く結び付いて解離しにくくなる．これは酸が弱くなることである．

$$HOCl > HOBr > HOI$$
$$H_2SO_4 > H_2SeO_4 > H_2TeO_4$$

(2) ルイス酸と塩基

ルイス酸あるいはルイス塩基の強さに対して一義的な尺度を与えることはできない．酸として特定の化学種を選ぶならば，その酸に対する塩基の親和性，すなわち，結合しやすさは酸塩基反応の平衡定数から評価することができる．

酸を A，塩基を B とするとき，これらが反応して AB を与えるとすれば，

$$A + B \longrightarrow AB \tag{6.21}$$

であり，この反応に対する平衡定数 K は次式で与えられる．

$$K = \frac{[AB]}{[A][B]} \tag{6.22}$$

酸としてカドミウムイオン Cd^{2+}，塩基としてハロゲン化物イオン X^- を選ぶならば，反応 (6.21) は次のように書くことができる．

$$Cd^{2+} + X^- \longrightarrow CdX^+$$

この反応に対する平衡定数は，$F^- < Cl^- < Br^- < I^-$ の順に増大する．他方，酸として銅(Ⅱ)イオンを選ぶと，この順序は逆転し，$F^- > Cl^- > Br^- > I^-$ の順に減少する．このように酸が異なると塩基の強さの順が変化してしまうのでは，酸，塩基の強さに対して共通の尺度を設けることは不可能である．

式 (6.22) の平衡定数が $F^- > Cl^- > Br^- > I^-$ の順に減少する酸（金属イオン）を探してみると，その多くが周期表で 1～5 族の元素の陽イオンによって占められていることがわかる．プロトンもこの群に属する．このような酸を**硬い酸** (hard acid) という．これに対して，平衡定数が $F^- < Cl^- < Br^- < I^-$ の順に増大する酸には，銀，金，水銀，それと一部の白金族元素の陽イオンが含まれる．これらの酸は**軟らかい酸** (soft acid) とよばれる．

硬い酸とは，電子の数が少なく，しかも電子が核に強く引き付けられている

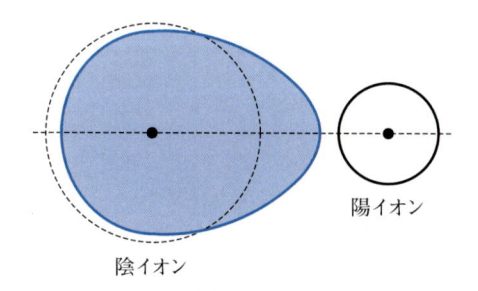

図 6.5 大きい陰イオンに小さい陽イオンが接近したときにみられる陰イオンの電子の空間分布の変化

ために**分極**（polarization）を起こしにくいイオンあるいは分子のことである．分極というのは，電子分布が変形することであって，電子の数が多く，半径が大きいイオンほど分極が顕著である．塩基についても，**硬い塩基**（hard base）と**軟らかい塩基**（soft base）とがある．塩基の硬い，軟らかいを決める条件も酸の場合と同じであるが，塩基の多くは陰イオンまたは分子である点が酸と異なっている．

図 6.5 は大きい陰イオン（塩基）に小さい陽イオン（酸）が接近したときに，陰イオンの電子分布が変形する状況を模式的に表したものである．陰イオンが分極を起こすことによって，陽イオンと陰イオンの結合は共有結合性を示すようになる．この現象はイオンとイオンの間ばかりでなく，イオンと分子，あるいは分子と分子の間にもみられる．

酸，塩基の硬さ，軟らかさにはいろいろな段階のものがあり，中間的な硬さ，軟らかさをもつイオン，分子も存在する．**表 6.6** は代表的なルイス酸とルイス塩基をその硬さ，軟らかさによって分類したものである．ハロゲンに対する硬い酸の親和性の順序が $F > Cl > Br > I$ であることはすでに述べたが，これと同様に 16 族の元素に対しては $O > S > Se > Te$，15 族の元素に対しては $N > P > As > Sb$ という順序が認められている．軟らかい酸の親和性はほぼこの逆の順序になる．

硬い酸は硬い塩基に対して，軟らかい酸は軟らかい塩基に対して親和性を示すことが経験的に知られている．難溶性塩を与える陽イオン，陰イオンの組合

表6.6 ルイス酸とルイス塩基の分類

硬い酸	H^+, Li^+, Na^+, K^+ Be^{2+}, Mg^{2+}, Ca^{2+}, Mn^{2+} Sc^{3+}, Y^{3+}, La^{3+}, Fe^{3+}, Al^{3+}, Ga^{3+} Ti^{4+}, Zr^{4+}, Th^{4+}, U^{4+}, Sn^{4+} BF_3, $AlCl_3$, CO_2, SO_3
中間の酸	Fe^{2+}, Co^{2+}, Ni^{2+}, Ru^{2+}, Os^{2+} Cu^{2+}, Zn^{2+}, Sn^{2+}, Pb^{2+} Rh^{3+}, Ir^{3+} NO^+, SO_2
軟らかい酸	Cu^+, Ag^+, Au^+, Hg^+, Tl^+ Pd^{2+}, Pt^{2+}, Cd^{2+}, Hg^{2+}, CH_3Hg^+ Tl^{3+} Pt^{4+}
硬い塩基	F^-, Cl^-, ClO_4^-, OH^-, NO_3^- CO_3^{2-}, SO_4^{2-} H_2O, NH_3
中間の塩基	Br^-, NO_2^- SO_3^{2-}
軟らかい塩基	I^-, SCN^-, CN^-, HS^-, RS^- S^{2-}, $S_2O_3^{2-}$ CO, RSH, R_2S

R：アルキル基またはアリール基

せ，あるいは錯体をつくりやすい金属イオンと配位子の組合せもこの経験則に従っている．しかし，この経験則に基づく反応の予測は定性的な段階に留まっている．その意味では，ブレンステッド酸，塩基の強さにみられるほどの有用性はないといえよう．

6.3 酸化と還元

6.3.1 酸化還元の定義

狭義の**酸化**（oxidation）とは酸化物になること，すなわち，酸素と結合する反応のことである．その逆の反応が**還元**（reduction）である．還元は酸素を含む化合物が酸素を失う反応である．酸素を除去するためには水素を作用させる

のが普通である．このことから化合物が水素を失う反応も酸化に含められる．従って，水素と結合する反応は還元である．有機化学で扱われる酸化還元の多くは，ここで述べた狭義の酸化還元である．

酸化反応の例として，鉄と酸素との反応を取り上げる．

$$4\,Fe + 3\,O_2 \longrightarrow 2\,Fe_2O_3$$

この反応で鉄原子の酸化数は 0 から +Ⅲ に増加した反面，酸素原子の酸化数は 0 から -Ⅱ に減少している．酸化を関与する原子の酸化数の増加と約束すれば，還元は酸化数の減少に対応する．上の例では鉄原子は酸化され，酸素原子は還元されたことになる．

酸化銅(Ⅱ)を水素気流中で加熱すると，単体の銅が生成する．

$$CuO + H_2 \longrightarrow Cu + H_2O$$

ここでは銅原子の酸化数は +Ⅱ から 0 に減少し，水素の酸化数は 0 から +Ⅰ に増加している．これらの例からわかるように，酸化が起こったときは，ある原子の酸化数が増加する一方で別の原子の酸化数が減少している．このことは還元についても同様である．酸化あるいは還元というのは特定の原子に着目したときの表現であって，反応全体としてみれば必ず両方の反応が同時に起こっているのである．

またこの反応の場合，厳密にいえば還元されたのは酸化銅(Ⅱ)中の銅原子であるが，これを酸化銅(Ⅱ)が還元されたというのが普通である．この表現は多原子分子，多原子イオンが酸化還元に関係するときに便利である．たとえば，二酸化硫黄に過酸化水素を作用させると硫酸が生成する．

$$SO_2 + H_2O_2 \longrightarrow H_2SO_4$$

この反応で硫黄原子の酸化数は +Ⅳ から +Ⅵ に変化している．酸化を受けた原子が硫黄原子であることは明らかであるが，習慣としてこれを二酸化硫黄が酸化されたという．

酸化還元を酸化数の変化とみるのであれば，ナトリウムと塩素の反応も酸化還元として扱うことができる．

$$2\,Na + Cl_2 \longrightarrow 2\,NaCl$$

ここではナトリウム原子の酸化数は 0 から $+\mathrm{I}$ に増加し，塩素原子の酸化数は 0 から $-\mathrm{I}$ に減少している．ナトリウム原子は酸化され，塩素原子は還元されたことになる．

酸化数の変化をさらに一般化するならば，原子が電子を放出したとき，その原子は酸化されたことになり，反対に原子が電子を獲得したとき，その原子は還元されたことになる．

6.3.2 酸化還元における電子の交換

ブレンステッドの酸塩基反応は酸と塩基の間でプロトンが交換される反応であった．これと同様な方法で酸化還元を取り扱うことができる．酸塩基反応と異なるのは交換される粒子が電子ということである．酸に対応する化学種は**還元剤**（reducing agent）であり，塩基に対応する化学種は**酸化剤**（oxidizing agent）である．還元剤は他の物質に電子を与える能力をもった化学種，酸化剤は他の物質から電子を受け入れることができる化学種である．酸化剤を ox，還元剤を red，電子を e^- と書くならば，

$$\mathrm{ox} + n e^- \longrightarrow \mathrm{red}$$

ここで n は酸化剤が受け入れる電子の数である．酸塩基でいうと共役関係にある酸化剤と還元剤の対を**酸化還元対**（oxidation-reduction couple）という．酸化還元対の場合，酸化剤，還元剤といわずに酸化型，還元型という．

酸化還元は ox が受け入れる電子を与える還元剤が存在して初めて進行する．ある酸化剤 ox_1 が還元剤 red_2 を酸化したと仮定する．この反応は次のように書くことができる．

$$\mathrm{ox}_1 + \mathrm{red}_2 \longrightarrow \mathrm{ox}_2 + \mathrm{red}_1 \tag{6.23}$$

ただし，添え字 1，2 はそれぞれ対応する酸化還元対を表す．このとき式 (6.23) は次の 2 つの式に分離できる．

$$\mathrm{ox}_1 + n e^- \longrightarrow \mathrm{red}_1 \tag{6.24}$$

$$\mathrm{ox}_2 + n e^- \longrightarrow \mathrm{red}_2 \tag{6.25}$$

式 (6.24)，(6.25) のような反応は，電解質溶液に浸した電極と電解質溶液の

界面で進行することが知られている．そのことからこれらの反応は電極反応 (electrode reaction) とよばれている．

水溶液中の酸化還元に対する電極反応の式は水素イオン（オキソニウムイオン），水を含んだ複雑なものになることがある．たとえば，酸性溶液中で鉄(II)イオン Fe^{2+} を過マンガン酸イオン MnO_4^- で酸化する反応は次のように表される．

$$5\,Fe^{2+} + MnO_4^- + 8\,H^+ \longrightarrow 5\,Fe^{3+} + Mn^{2+} + 4\,H_2O$$

対応する電極反応は，

$$Fe^{3+} + e^- \longrightarrow Fe^{2+}$$
$$MnO_4^- + 8\,H^+ + 5\,e^- \longrightarrow Mn^{2+} + 4\,H_2O$$

となる．

6.3.3 酸化剤，還元剤の強さ

式 (6.23) に示した反応が左辺から右辺へ進行するためには，ox_1 は red_2 を酸化できるが，ox_2 は red_1 を酸化できないことが必要である．任意に選び出した酸化剤 ox_1 と還元剤 red_2 が反応するかどうかを判定するためには，ox_1 と red_2 の酸化型 ox_2 の酸化能力を比較すればよい．この能力は電位（単位：V）で表される．単位として電位が使われるのは測定法と関係がある．

たとえば，亜鉛 Zn と亜鉛イオン Zn^{2+} は酸化還元対を構成する．

$$Zn^{2+} + 2\,e^- \rightleftharpoons Zn$$

亜鉛イオンの溶液中に亜鉛板を浸したものは電極である．これとは別に他の酸化還元対で電極をつくり，これらを組み合わせると電池ができ，その起電力を測定することができる．後の電極を基準の電極とすれば，この電池の起電力から亜鉛が電子を押し出す能力を評価することができる．ただし，このときの亜鉛イオンの濃度は単位濃度，すなわち，$1\,mol\,dm^{-3}$ とする．

基準となる電極としては**標準水素電極** (standard hydrogen electrode) が用いられる．水素で電極をつくることはできないので，単位濃度の水素イオン溶液中に白金黒付白金電極を浸し，電極面に標準圧力 (1 atm) の水素を接触させ

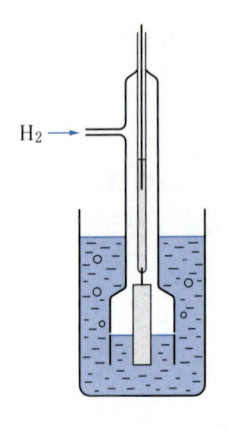

図 6.6 標準水素電極（極板は白金黒付白金）

る（図 6.6）．この電極の電位を 0 V と約束する．

表 6.7 は電極反応で与えられた酸化還元系に対する**標準電極電位**（normal electrode potential）$E°$ を示す．ここで標準というのは反応に関与する化学種がすべて標準状態（単位濃度）にあることを意味している．ある酸化還元対の酸化型は，それよりも低い $E°$ をもつ酸化還元対の還元型を酸化することができる．たとえば，過マンガン酸イオンによる鉄(II)イオンの酸化の場合は，

$$Fe^{3+} + e^- \rightleftharpoons Fe^{2+} \quad E° = 0.771 \text{ V}$$

$$MnO_4^- + 8H^+ + 5e^- \rightleftharpoons Mn^{2+} + 4H_2O$$

$$E° = 1.51 \text{ V}$$

である．標準電極電位から過マンガン酸イオンは酸性溶液中で鉄(II)イオンを酸化できるが，鉄(III)イオンはマンガン(II)イオンを酸化できないことは明らかである．

過酸化水素は多くの場合，酸化剤として作用する．たとえば，亜硫酸（二酸化硫黄の水溶液）に対しては，これを硫酸に酸化する．

$$H_2SO_3 + H_2O_2 \longrightarrow SO_4^{2-} + 2H^+ + H_2O$$

この反応は次の2つの反応に分けられる．

$$SO_4^{2-} + 4H^+ + 2e^- \rightleftharpoons H_2SO_3 + H_2O \quad E° = 0.158 \text{ V}$$

$$H_2O_2 + 2H^+ + 2e^- \rightleftharpoons 2H_2O \quad E° = 1.763 \text{ V}$$

しかし，過マンガン酸イオンに対しては過酸化水素は還元剤として作用する．硫酸酸性溶液中の反応は次のように表すことができる．

$$5H_2O_2 + 2MnO_4^- + 6H^+ \longrightarrow 5O_2 + 2Mn^{2+} + 8H_2O$$

この反応は次の2つの反応で説明される．

$$O_2 + 2H^+ + 2e^- \rightleftharpoons H_2O_2 \text{ (aq)} \quad E° = 0.695 \text{ V}$$

$$MnO_4^- + 8H^+ + 5e^- \rightleftharpoons Mn^{2+} + 4H_2O \quad E° = 1.51 \text{ V}$$

6.3 酸化と還元

表 6.7 標準電極電位（25℃，単位：V）

電 極 反 応	$E°$
$AgI + e^- \rightleftarrows Ag + I^-$	-0.1522
$AgBr + e^- \rightleftarrows Ag + Br^-$	0.0711
$AgCl + e^- \rightleftarrows Ag + Cl^-$	0.2223
$2\,AgO + H_2O + 2\,e^- \rightleftarrows Ag_2O + 2\,OH^-$	0.604
$Ag^+ + e^- \rightleftarrows Ag$	0.7991
$Al^{3+} + 3\,e^- \rightleftarrows Al$	-1.676
$As + 3\,H^+ + 3\,e^- \rightleftarrows AsH_3$	-0.225
$Au^+ + e^- \rightleftarrows Au$	1.83
$Au^{3+} + 3\,e^- \rightleftarrows Au$	1.52
$Ba^{2+} + 2\,e^- \rightleftarrows Ba$	-2.92
$Be^{2+} + 2\,e^- \rightleftarrows Be$	-1.97
$Bi^{3+} + 3\,e^- \rightleftarrows Bi$	0.3172
$2\,BrO^- + 2\,H_2O + 2\,e^- \rightleftarrows Br_2(l) + 4\,OH^-$	0.455
$BrO_3^- + 2\,H_2O + 4\,e^- \rightleftarrows BrO^- + 4\,OH^-$	0.492
$Br_2(l) + 2\,e^- \rightleftarrows 2\,Br^-$	1.0652
$BrO_3^- + 5\,H^+ + 4\,e^- \rightleftarrows HBrO + 2\,H_2O$	1.447
$2\,HBrO + 2\,H^+ + 2\,e^- \rightleftarrows Br_2(l) + 2\,H_2O$	1.604
$Ca^{2+} + 2\,e^- \rightleftarrows Ca$	-2.84
$Cd^{2+} + 2\,e^- \rightleftarrows Cd$	-0.4025
$Ce^{3+} + 3\,e^- \rightleftarrows Ce$	-2.34
$Ce^{4+} + e^- \rightleftarrows Ce^{3+}$	1.71
$2\,ClO^- + 2\,H_2O + 2\,e^- \rightleftarrows Cl_2(g) + 4\,OH^-$	0.4212
$ClO_3^- + 3\,H_2O + 6\,e^- \rightleftarrows Cl^- + 6\,OH^-$	0.622
$Cl_2(g) + 2\,e^- \rightleftarrows 2\,Cl^-$	1.3583
$2\,HClO + 2\,H^+ + 2\,e^- \rightleftarrows Cl_2(g) + 2\,H_2O$	1.630
$Co^{2+} + 2\,e^- \rightleftarrows Co$	-0.277
$Co^{3+} + e^- \rightleftarrows Co^{2+}$	1.92
$Cr^{3+} + e^- \rightleftarrows Cr^{2+}$	-0.424
$Cr_2O_7^{2-} + 14\,H^+ + 6\,e^- \rightleftarrows 2\,Cr^{3+} + 7\,H_2O$	1.36
$Cs^+ + e^- \rightleftarrows Cs$	-2.923
$CuI + e^- \rightleftarrows Cu + I^-$	-0.182
$CuBr + e^- \rightleftarrows Cu + Br^-$	0.033
$CuCl + e^- \rightleftarrows Cu + Cl^-$	0.121
$Cu^{2+} + 2\,e^- \rightleftarrows Cu$	0.340
$F_2(g) + 2\,e^- \rightleftarrows 2\,F^-$	2.87
$Fe^{2+} + 2\,e^- \rightleftarrows Fe$	-0.44
$Fe^{3+} + e^- \rightleftarrows Fe^{2+}$	0.771
$[Fe(CN)_6]^{3-} + e^- \rightleftarrows [Fe(CN)_6]^{4-}$	0.361
$Ga^{3+} + 3\,e^- \rightleftarrows Ga$	-0.529
$H_2 + 2\,e^- \rightleftarrows 2\,H^-$	-2.25

表6.7 （続き1）

電極反応	$E°$
$2H^+ + 2e^- \rightleftarrows H_2$	0.0000
$Hg_2^{2+} + 2e^- \rightleftarrows 2Hg\,(l)$	0.7960
$IO_3^- + 3H_2O + 6e^- \rightleftarrows I^- + 6OH^-$	0.257
$IO^- + H_2O + 2e^- \rightleftarrows I^- + 2OH^-$	0.488
$I_2\,(s) + 2e^- \rightleftarrows 2I^-$	0.5355
$HIO\,(aq) + H^+ + 2e^- \rightleftarrows I^- + H_2O$	0.985
$2IO_3^- + 12H^+ + 10e^- \rightleftarrows I_2 + 6H_2O$	1.195
$In^{3+} + 3e^- \rightleftarrows In$	-0.3382
$Ir^{3+} + 3e^- \rightleftarrows Ir$	1.156
$K^+ + e^- \rightleftarrows K$	-2.925
$La^{3+} + 3e^- \rightleftarrows La$	-2.37
$Li^+ + e^- \rightleftarrows Li$	-3.045
$Mg^{2+} + 2e^- \rightleftarrows Mg$	-2.356
$Mn^{2+} + 2e^- \rightleftarrows Mn$	-1.18
$MnO_2 + 4H^+ + 2e^- \rightleftarrows Mn^{2+} + 2H_2O$	1.23
$MnO_4^- + 2H_2O + 3e^- \rightleftarrows MnO_2 + 4OH^-$	0.60
$MnO_4^- + 4H^+ + 3e^- \rightleftarrows MnO_2 + 2H_2O$	1.70
$MnO_4^- + 8H^+ + 5e^- \rightleftarrows Mn^{2+} + 4H_2O$	1.51
$NO_3^- + H_2O + 2e^- \rightleftarrows NO_2^- + 2OH^-$	0.01
$NO_3^- + 2H^+ + 2e^- \rightleftarrows NO_2^- + H_2O$	0.835
$NO_3^- + 3H^+ + 2e^- \rightleftarrows HNO_2\,(aq) + H_2O$	0.94
$NO_3^- + 4H^+ + 3e^- \rightleftarrows NO\,(g) + 2H_2O$	0.957
$N_2O_4\,(g) + 2H^+ + 2e^- \rightleftarrows 2HNO_2\,(aq)$	1.07
$N_2O_4\,(g) + 4H^+ + 4e^- \rightleftarrows 2NO\,(g) + 2H_2O$	1.039
$N_2O_4\,(g) + 8H^+ + 8e^- \rightleftarrows N_2\,(g) + 4H_2O$	1.357
$HNO_2\,(aq) + H^+ + e^- \rightleftarrows NO\,(g) + H_2O$	0.996
$2NO_2\,(g) + 8H^+ + 8e^- \rightleftarrows N_2\,(g) + 4H_2O$	1.363
$2NO\,(g) + 4H^+ + 4e^- \rightleftarrows N_2\,(g) + 2H_2O$	1.678
$N_2O\,(g) + 2H^+ + 2e^- \rightleftarrows N_2\,(g) + H_2O$	1.77
$Na^+ + e^- \rightleftarrows Na$	-2.714
$Nb^{3+} + 3e^- \rightleftarrows Nb$	-1.1
$Ni^{2+} + 2e^- \rightleftarrows Ni$	-0.257
$NiO + 2H^+ + 2e^- \rightleftarrows Ni + H_2O$	0.116
$Np^{3+} + 3e^- \rightleftarrows Np$	-1.83
$2H_2O + 2e^- \rightleftarrows 2OH^- + H_2$	-0.828
$O_2 + e^- \rightleftarrows O_2^-\,(aq)$	-0.284
$O_2 + 2H_2O + 4e^- \rightleftarrows 4OH^-$	0.401
$O_2 + 2H^+ + 2e^- \rightleftarrows H_2O_2\,(aq)$	0.695
$O_2 + 4H^+ + 4e^- \rightleftarrows 2H_2O$	1.229
$O_3 + H_2O + 2e^- \rightleftarrows O_2 + 2OH^-$	1.246

表 6.7 （続き 2）

電極反応	$E°$
$O_3 + 2H^+ + 2e^- \rightleftarrows O_2 + H_2O$	2.075
$H_2O_2 \,(aq) + 2H^+ + 2e^- \rightleftarrows 2H_2O$	1.763
$P + 3H^+ + 3e^- \rightleftarrows PH_3\,(g)$	-0.063
$H_2PHO_3 + 2H^+ + 2e^- \rightleftarrows HPH_2O_2 + H_2O$	-0.499
$H_3PO_4 + 2H^+ + 2e^- \rightleftarrows H_2PHO_3 + H_2O$	-0.276
$Pb^{2+} + 2e^- \rightleftarrows Pb$	-0.1263
$PbO + H_2O + 2e^- \rightleftarrows Pb + 2OH^-$	-0.579
$PbO_2 + 4H^+ + 2e^- \rightleftarrows Pb^{2+} + 2H_2O$	1.468
$PbO_2 + 4H^+ + SO_4^{2-} + 2e^- \rightleftarrows PbSO_4 + 2H_2O$	1.698
$Pd^{2+} + 2e^- \rightleftarrows Pd$	0.915
$Pt^{2+} + 2e^- \rightleftarrows Pt$	1.188
$Pu^{3+} + 3e^- \rightleftarrows Pu$	-2.00
$Ra^{2+} + 2e^- \rightleftarrows Ra$	-2.916
$Rb^+ + e^- \rightleftarrows Rb$	-2.924
$Rh^{3+} + 3e^- \rightleftarrows Rh$	0.758
$S + 2e^- \rightleftarrows S^{2-}$	-0.447
$S + 2H^+ + 2e^- \rightleftarrows H_2S\,(g)$	0.174
$2SO_3^{2-} + 3H_2O + 4e^- \rightleftarrows S_2O_3^{2-} + 6OH^-$	-0.576
$2H_2SO_3 + 2H^+ + 4e^- \rightleftarrows S_2O_3^{2-} + 3H_2O$	0.400
$H_2SO_3 + 4H^+ + 4e^- \rightleftarrows S + 3H_2O$	0.500
$SO_4^{2-} + H_2O + 2e^- \rightleftarrows SO_3^{2-} + 2OH^-$	-0.936
$SO_4^{2-} + 4H^+ + 2e^- \rightleftarrows H_2SO_3 + H_2O$	0.158
$S_2O_8^{2-} + 2e^- \rightleftarrows 2SO_4^{2-}$	1.96
$Sc^{3+} + 3e^- \rightleftarrows Sc$	-2.03
$Se + 2e^- \rightleftarrows Se^{2-}$	-0.670
$Se + 2H^+ + 2e^- \rightleftarrows H_2Se$	-0.082
$SeO_4^{2-} + H_2O + 2e^- \rightleftarrows SeO_3^{2-} + 2OH^-$	0.031
$SeO_4^{2-} + 4H^+ + 2e^- \rightleftarrows H_2SeO_3 + H_2O$	1.151
$Sm^{3+} + 3e^- \rightleftarrows Sm$	-2.30
$Sn^{2+} + 2e^- \rightleftarrows Sn$	-0.1375
$Sn^{4+} + 2e^- \rightleftarrows Sn^{2+}$	0.15
$Te + 2H^+ + 2e^- \rightleftarrows H_2Te$	-0.740
$Th^{4+} + 4e^- \rightleftarrows Th$	-1.83
$TiO_2 + 4H^+ + e^- \rightleftarrows Ti^{3+} + 2H_2O$	-0.666
$Tl^+ + e^- \rightleftarrows Tl$	-0.3363
$Tl^{3+} + 2e^- \rightleftarrows Tl^+$	1.25
$U^{3+} + 3e^- \rightleftarrows U$	-1.80
$Y^{3+} + 3e^- \rightleftarrows Y$	-2.37
$Yb^{3+} + 3e^- \rightleftarrows Yb$	-2.22
$Zn^{2+} + 2e^- \rightleftarrows Zn$	-0.7626
$Zr^{4+} + 4e^- \rightleftarrows Zr$	-1.55

この例が示すように，ある化学種が酸化剤として作用するか，それとも還元剤として作用するかは，反応する相手の酸化能力（標準電極電位）によって決まることである．

安定な化合物と考えられている水であっても，強力な酸化剤と反応すると分解して酸素を発生する．

$$O_2 + 4H^+ + 4e^- \longrightarrow 2H_2O \quad E° = 1.229\,V$$

そこで標準電極電位が 1.229 V よりも高い酸化還元対の酸化型は水を分解できるはずである．そのような酸化力をもった化学種の水溶液は不安定で保存は不可能ということになる．その意味からすれば，過マンガン酸カリウム水溶液は保存できないことになる．しかし，現実には何の支障もなくこの溶液は保存されている．これは過マンガン酸イオンが水を酸化する速度が非常に遅いためである．

標準電極電位は反応の可能性を示すだけで，その速度については何も予測できないのである．酸化還元反応は酸塩基反応と共通した点は多いが，酸塩基反応が常に迅速な反応であるのに対し，酸化還元反応の中には標準電極電位からみて可能であっても，非常に遅いか，あるいは事実上進行しないような例もあることを注意しなければならない．

6.3.4 不均化

不均化（disproportionation）とは，ある化学種がそれと同じ化学種と酸化還元を起こす現象のことである．これによって最初の化学種に含まれる特定の元素に着目すると，それよりも酸化数が高くなった化学種と酸化数が低くなった化学種を生成する．

マンガン酸カリウム（potassium manganate）K_2MnO_4 は暗緑色の結晶である．これを水に溶かすと緑色の溶液となる．この色はマンガン酸イオン MnO_4^{2-} によるものであるが，ここに酸を加えると不均化が起こって，二酸化マンガン MnO_2 の沈殿と過マンガン酸イオン MnO_4^- を生じ，溶液の色は赤紫色に変化する．

COLUMN
光触媒

　光触媒というのは光を照射すると触媒として作用する物質のことである．酸化チタン(Ⅳ) TiO_2 はその代表例である．TiO_2 は化学的には安定な化合物であるが半導体としての性質を備えている．水溶液中に白金電極と TiO_2 電極を浸して導線で接続し，TiO_2 電極に波長が 380 nm より短い紫外光を照射すると白金電極から水素，TiO_2 電極から酸素が発生する．これは TiO_2 電極内に生じた電子が白金電極に移動することによって起こった変化である．この現象は本多健一・藤嶋 昭によって発見され，1972 年，科学雑誌 Nature に発表された．

　TiO_2 中の電子は各原子と強く結合した状態にあるので，金属中の電子のように自由に移動することはできない．ところが光が照射されると電子は光のエネルギーを得て，伝導帯とよばれる高いエネルギー準位に飛び上がる．伝導帯中の電子は自由に移動することができるので TiO_2 電極から白金電極へ流入したのである．TiO_2 中の電子が抜けた穴は正孔とよばれる．正孔は外部から電子を取りこむ性質があるので酸化剤として作用する．TiO_2 電極から酸素が発生したのは H_2O が酸化されたためである．このような変化は単独の TiO_2 粒子内でも起こる．伝導帯中の電子が外部の物質に与えられる反応と正孔中に外部の物質から電子が取り込まれる反応が同時進行すればよいのである．電子が与えられる（還元される）外部の物質としては水溶液中の水素イオン，大気中の酸素分子などがあげられる．反対に電子を奪われる（酸化される）物質としては有機物が重要である．光触媒として TiO_2 を使用した水素の製造はエネルギー効率からみて引き合わないので，応用のほとんどは酸化反応の利用である．有機物の酸化分解に基づく水耕栽培廃水の浄化，室内空気の浄化，窓ガラス表面の汚れの除去など多くの実用例が知られている．TiO_2 は径 10 nm 程度の微粉末の形で使用されるが，このような粒子では取り扱いが難しいので適当な基材（ガラス，セラミック，アルミナなど）上に固定して使用される．

$$3\,MnO_4^{2-} + 4\,H^+ \longrightarrow 2\,MnO_4^- + MnO_2 + 2\,H_2O$$

この反応は次の 2 つの反応に分けて書くことができる．

$$MnO_4^{2-} + 4H^+ + 2e^- \rightleftharpoons MnO_2 + 2H_2O \quad E° = 2.26\,V$$

$$MnO_4^- + e^- \rightleftharpoons MnO_4^{2-} \quad E° = 0.56\,V$$

標準電極電位からマンガン酸イオン相互で酸化還元が起こり得ることがわかる．この不均化によってマンガン原子の酸化数は ＋Ⅵ から ＋Ⅳ と ＋Ⅶ に変化したことになる．

このような不均化は決して珍しい現象ではない．次亜塩素酸ナトリウム NaClO の水溶液を放置しておくと，次第に塩素酸イオン ClO_3^- の濃度の増加が認められるが，これも不均化によるものである．

$$3\,ClO^- \longrightarrow 2\,Cl^- + ClO_3^-$$

この例では塩素原子の酸化数は ＋Ⅰ から －Ⅰ と ＋Ⅴ に変化している．不安定な酸化数を挟んで両側に安定な酸化数が存在するとき，不均化が起こりやすい．

6.4　配位子置換

6.4.1　生成定数

中心金属イオンを M，配位子を L とするとき，組成が ML，ML_2，ML_3，… で表される一連の錯体が生成する場合がある．カドミウムイオン Cd^{2+} がアンモニア NH_3 と結合して生じるアンミン錯体がその例である．

$$Cd^{2+} + NH_3 \longrightarrow [CdNH_3]^{2+}$$
$$[CdNH_3]^{2+} + NH_3 \longrightarrow [Cd(NH_3)_2]^{2+}$$
$$[Cd(NH_3)_2]^{2+} + NH_3 \longrightarrow [Cd(NH_3)_3]^{2+}$$
$$[Cd(NH_3)_3]^{2+} + NH_3 \longrightarrow [Cd(NH_3)_4]^{2+}$$
$$......$$
$$[Cd(NH_3)_5]^{2+} + NH_3 \longrightarrow [Cd(NH_3)_6]^{2+}$$

これらの反応は単なるアンモニアの付加を表しているのではない．水溶液中のカドミウムイオンは水和した状態にある．このイオンは $[Cd(H_2O)_6]^{2+}$ と書か

なければならない．従って，$[Cd(NH_3)_n]^{2+}$ は $[Cd(NH_3)_n(H_2O)_{6-n}]^{2+}$ と書くのが正しい．アンモニアの付加は中心金属イオンに配位していた水分子がアンモニアによって置換されることである．この過程は前章 (p.95) で述べた配位子置換の 1 つの例である．最大の n は中心金属イオンと配位子の大きさで決まる．

これらの錯体の生成定数には**逐次生成定数** (successive formation constant) と**全生成定数** (overall formation constant) が区別される．逐次生成定数というのは次に示す段階的な配位子置換反応に対する平衡定数 K_1, K_2, K_3, … のことである．

$$M + L \rightleftarrows ML \quad K_1 = \frac{[ML]}{[M][L]}$$

$$ML + L \rightleftarrows ML_2 \quad K_2 = \frac{[ML_2]}{[ML][L]}$$

$$ML_2 + L \rightleftarrows ML_3 \quad K_3 = \frac{[ML_3]}{[ML_2][L]}$$

……

$$ML_{n-1} + L \rightleftarrows ML_n \quad K_n = \frac{[ML_n]}{[ML_{n-1}][L]}$$

これに対して生成反応を次のように表したときの平衡定数を全生成定数といい，β_1, β_2, β_3, … で表す．

$$M + L \rightleftarrows ML \quad \beta_1 = \frac{[ML]}{[M][L]}$$

$$M + 2L \rightleftarrows ML_2 \quad \beta_2 = \frac{[ML_2]}{[M][L]^2}$$

$$M + 3L \rightleftarrows ML_3 \quad \beta_3 = \frac{[ML_3]}{[M][L]^3}$$

……

$$M + nL \rightleftarrows ML_n \quad \beta_n = \frac{[ML_n]}{[M][L]^n}$$

逐次生成定数と全生成定数との間には次の関係が成立する．

$$\beta_1 = K_1$$
$$\beta_2 = K_1 K_2$$
$$\beta_3 = K_1 K_2 K_3$$
$$\cdots\cdots$$
$$\beta_n = K_1 K_2 \cdots K_n$$

生成定数のことを**安定度定数**(stability constant)ともいう．

水溶液中の遊離の配位子濃度が高くなるほど，n の大きい錯体の存在比が増大する．この関係をカドミウムアンミン錯体について表したものが**図 6.7** である．溶液中の遊離のアンモニア濃度に対応して n の異なる数種の錯体が共存することがわかる．

共通の配位子をもつ一連の錯体の生成定数は，中心金属のイオン価が同じであれば，中心金属イオンと配位原子間の距離，あるいは金属イオンの半径の関数となる．金属イオンの半径が小さくなるほど生成定数は増大する．

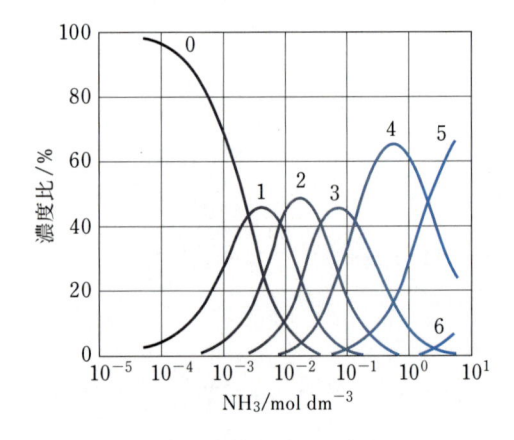

第一遷移元素系列は 3d 軌道の充塡に対応するスカンジウムから銅までの 9 元素を指す．これらの 2 価イオンの錯体では，生成定数の大小関係は Mn^{2+} < Fe^{2+} < Co^{2+} < Ni^{2+} < Cu^{2+} > Zn^{2+} のようになることが知られている．これを**アービング-ウィリアムズの系列**(Irving-Williams series)という．ただし，

図 6.7 溶液中のアンモニア濃度の関数として表したカドミウムアンミン錯体の相対存在比/%

高スピン型，低スピン型の 2 通りの可能性がある場合には高スピン型をとるものとする．イオン半径は低スピン型をとるときの方が小さくなる．

　この系列はイオン半径の順になっている．銅(II)イオンのところで生成定数が最大になるのは，ヤーン–テラーひずみ (p. 101) のためである．z 軸方向の配位子は xy 平面上の配位子よりも離れたところに位置しているために，銅(II)錯体の構造は平面正方形とみなすことができる．平面正方形配位では正八面体型配位よりも配位原子が金属イオンに接近しているので，銅(II)イオンの半径は小さくなったと考えてよい．事実，正八面体型配位のときの銅(II)イオンの半径は 73 pm であるが，平面正方形配位では 57 pm まで縮小している．この例が示すように，金属イオンの半径はそれが高スピン型か，それとも低スピン型であるかによって変化するばかりでなく，配位構造によっても影響される．

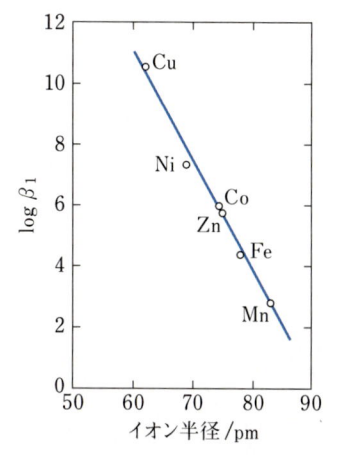

図 6.8 エチレンジアミン錯体における中心金属 2 価イオンの半径と錯体の生成定数の対数 ($\log \beta_1$) の関係

　金属イオンの配位構造に一致したイオン半径を採用すれば，錯体の生成定数とイオン半径を結び付けることができる．**図 6.8** は第一遷移元素系列とそれに続く亜鉛の 2 価イオンの半径と，これらのエチレンジアミン錯体の生成定数 (β_1) の対数の間に直線関係が存在することを示したものである．

　このような関係はエチレンジアミン以外の配位子についても確かめることができるが，すべての配位子について直線関係が成立するわけではない．また図 6.8 に示したマンガン(II)イオンから亜鉛(II)イオンまでのイオン以外の 2 価イオンにこの関係を拡張することはできない．このことは単にイオン半径ばかりでなく，イオンの電子配置が錯体の生成定数に関係していることを示唆している．

二座配位子が環状構造をもった錯体をつくるとき，この配位子と類似の単座配位子が2個配位した錯体よりも生成定数が大きくなる．これは環をつくることによって錯体が安定化するためである．この現象を**キレート効果**（chelate effect）とよんでいる．エチレンジアミンが3分子配位した錯体の全生成定数 β_3 とアンモニアが6分子配位した錯体の生成定数 β_6 を比較してみると，前者が格段に大きいことがわかる．たとえば，コバルト(II)錯体では次のような関係がみられる．

$$Co^{2+} + 3\,en \rightleftharpoons [Co(en)_3]^{2+} \quad (\log \beta_3 = 13.99)$$

$$Co^{2+} + 6\,NH_3 \rightleftharpoons [Co(NH_3)_6]^{2+} \quad (\log \beta_6 = 6.0)$$

このことはニッケル(II)錯体についても同様である．

$$Ni^{2+} + 3\,en \rightleftharpoons [Ni(en)_3]^{2+} \quad (\log \beta_3 = 18.39)$$

$$Ni^{2+} + 6\,NH_3 \rightleftharpoons [Ni(NH_3)_6]^{2+} \quad (\log \beta_6 = 8.31)$$

エチレンジアミン四酢酸（ethylenediaminetetraacetic acid）はEDTAと略称され，多くの金属イオンと安定な錯体をつくることで知られている．

$$\begin{array}{c} HOOC-CH_2 \\ HOOC-CH_2 \end{array}\!\!\!\!\!>\!N-CH_2-CH_2-N\!<\!\!\!\!\!\begin{array}{c} CH_2-COOH \\ CH_2-COOH \end{array}$$

この酸は四塩基酸であることから，H_4edta のように表される．その陰イオン $edta^{4-}$ は六座配位子として作用することが多く，その場合は金属イオン M^{n+} と $Medta^{(4-n)-}$ で示される八面体錯体をつくる．その構造は**図6.9**にある通りで，カルボキシル基の酸素原子1個ずつ（計4個）とエチレンジアミンの窒素原子2個が配位原子となって5個の五員環をつくっている．EDTA錯体の生成定数が非常に大きいのはキレート効果によるものである．

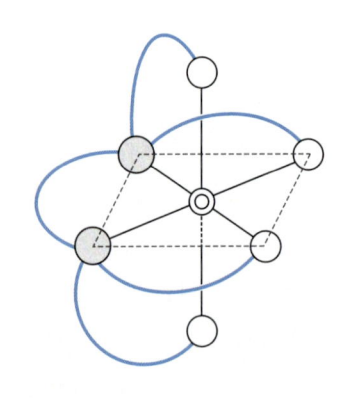

EDTAの配位子としての名称はエチレ

◯ = N，◯ = O，◎ = M

図6.9 八面体EDTA錯体の構造．Mは中心金属イオンを表す．

ンジアミンテトラアセタトであるから，この錯体はエチレンジアミンテトラアセタト錯体とよぶのが正しい．

代表的な錯体の生成定数を**表6.8**に示した．

6.4.2 配位子置換反応の速度

配位子置換は色の変化を伴うことが多い．そのため溶液中の反応であれば，色の変化する速さから配位子置換の速度を判断することができる．硫酸銅(Ⅱ)水溶液にアンモニアを加えると，溶液の色はほとんど瞬間的に淡青色から濃青紫色に変わる．これは銅(Ⅱ)イオンに配位していた水分子がアンモニアによって急速に置換されたことを意味している．

ここで生成したテトラアンミン銅(Ⅱ)硫酸塩 $[Cu(NH_3)_4]SO_4\cdot H_2O$ の青紫色結晶を分離し，水に溶かすと溶液の色は淡青色となる．これはテトラアンミン銅(Ⅱ)イオンが水和した銅(Ⅱ)イオン，すなわち，アクア錯体に戻ったことを示すものである．このように銅(Ⅱ)錯体においては配位子置換反応は迅速である．

ヘキサアンミンコバルト(Ⅲ)錯体 $[Co(NH_3)_6]X_3$ は黄色の結晶であって，その色から**ルテオ塩**（luteo salt）とよばれている．ルテオとはラテン語で黄色を意味している．この塩を水に溶かすと黄色の溶液となる．上述の銅(Ⅱ)錯体の例からすれば，希水溶液中ではルテオ塩のアンモニアは水分子で置換され，溶液の色が変化するものと考えられる．しかし実際はその反対で，色は全く変化しない．これは配位子置換が起こらなかったことを示唆している．コバルト(Ⅲ)錯体の特徴は配位子置換がきわめて遅いことである．

配位子置換反応の速度と置換によって生成する錯体の生成定数との間には何の関係も存在しない．生成定数が大きいからといって配位子置換が迅速に進行するとは限らない．ただし，一般的な傾向としては中心金属イオンと配位子が強く結び付いている（結合距離が短い）ほど，配位子が置換される速度は遅くなる．このことを支持する例として，アクア錯体中の水分子が溶液中の水分子によって置換される反応をあげることができる．この反応の速度は中心金属イ

表 6.8 錯体の生成定数 β_n の対数（20 または 25 ℃における測定値．イオン強度は錯体によって異なる．）

金属	配位子	$\log \beta_n$					
		β_1	β_2	β_3	β_4	β_5	β_6
Ag^+	Br^-	5.80	7.38	8.23			
	Cl^-	3.23	5.15	5.04	3.64		
	CN^-	13.23	20.9	21.8			
	I^-			13.85	14.28		
	NH_3	3.37	7.25				
	OH^-	2.30	3.55	4.77			
	SCN^-	4.75	8.23	9.45	9.67		
	$S_2O_3^{2-}$	8.9	13.50	14.3			
	en		7.67				
	phen	5.02	12.07				
Al^{3+}	F^-	6.13	11.15	15.00	17.74	19.37	19.84
Cd^{2+}	Br^-	1.76	2.34	3.32	3.70		
	Cl^-	1.58	2.23	2.35			
	CN^-	5.62	10.8	15.7	19.2		
	F^-	0.46	0.53				
	I^-	2.08	3.09	5.51	6.20		
	NH_3	2.54	4.78	6.08	7.26		
	OH^-	3.67	4.77				
	SCN^-	1.378	1.77	1.822	2.002		
	$S_2O_3^{2-}$	2.74	4.65	6.95	7.12		
	en	6.21	11.64	14.38			
	phen	5.65	10.49				
Co^{2+}	NH_3	1.90	3.20	4.30	4.6	4.4	6.0
	OH^-	2.81					
	en	5.38	10.24	13.79			
	phen	7.02	13.72	20.10			
Co^{3+}	NH_3	7.3	14.0	20.1	25.7	30.8	35.2
Cu^{2+}	NH_3	4.18	7.70	10.46	12.52		
	OH^-	6.33					
	SCN^-	1.74	2.74				
	en	10.60	19.75				
	phen	9.00	15.70				
Fe^{2+}	CN^-						35.4
	OH^-	4.50					
	SCN^-	0.81					
	en	4.34	7.65	9.70			
	phen	5.84	11.20	16.45			
Fe^{3+}	CN^-						43.6
	F^-	5.30	9.53	12.53			

6.4 配位子置換

表6.8 （続き）

金属	配位子	$\log \beta_n$					
		β_1	β_2	β_3	β_4	β_5	β_6
Hg^{2+}	OH$^-$	11.13	22.06				
	SCN$^-$	2.14	3.45				
	phen	6.5	11.4	23.5			
	Br$^-$	8.94	16.88	19.15	20.90		
	Cl$^-$	6.74	13.22	14.17	15.07		
	CN$^-$		32.51	38.85	41.47		
	F$^-$	1.03					
	I$^-$	12.87	23.82	27.49	29.85		
	OH$^-$	10.63	22.16				
	SCN$^-$	9.08	16.86	19.70	21.67		
	S$_2$O$_3^{2-}$		29.18	30.3			
	phen	9.85	19.04	23.13			
Mn^{2+}	OH$^-$	3.41					
	phen	4.01					
Ni^{2+}	CN$^-$				30.3		
	NH$_3$	2.21	4.50	6.86	8.89		
	OH$^-$	3.08	13				
	S$_2$O$_3^{2-}$	2.06					
	en	7.54	13.94	18.39			
	phen	8.65	17.08	24.91			
Pb^{2+}	Br$^-$	1.10	1.38	2.38			
	F$^-$	1.46	2.52				
	I$^-$	1.30	2.38	3.14	4.43		
	S$_2$O$_3^{2-}$	2.56	4.88	6.34			
	en	5.05	8.67				
	phen	4.80	7.80	10.30			
Zn^{2+}	CN$^-$	5.3	11.02	16.68	21.57		
	NH$_3$	2.27	4.61	7.01	9.06		
	S$_2$O$_3^{2-}$	2.29					
	en	5.91	10.72	12.82			
	phen	6.55	12.35	17.55			

オンの種類によって異なり，その大小は次の順になることが知られている．

$$Cs^+ > Rb^+ > K^+ > Na^+ > Li^+$$

$$Ba^{2+} > Sr^{2+} > Ca^{2+} > Mg^{2+} > Be^{2+}$$

この順序はイオン半径の順でもある．また半径が同じであれば，イオン価が大

きいほど置換の速度は遅くなる．これを金属イオンと配位子の結合が強いほど，あるいは結合が共有結合性であるほど，反応は遅くなると言い換えることもできる．

このことを遷移元素の八面体錯体に適用すると，2価よりは3価，高スピン型よりは低スピン型のイオンで置換反応が遅くなることが予想される．前述のコバルト(Ⅲ)錯体は低スピン型であってこの原則に従っている．この他クロム(Ⅲ)錯体も配位子置換の速度が遅い例として知られている．

配位子置換反応が速いことを**置換活性**(substitution labile)，遅いことを**置換不活性**(substitution inert)という．置換不活性錯体を構成成分の直接反応によって合成することは困難である．そのために合成は置換活性錯体を経由することで行われる．たとえば，ヘキサアンミンクロム(Ⅲ)錯体はクロム(Ⅲ)イオンをいったんクロム(Ⅱ)イオンに還元した状態でヘキサアンミンクロム(Ⅱ)イオン $[Cr(NH_3)_6]^{2+}$ を合成し，これを酸化することで合成される．ヘキサアンミンコバルト(Ⅲ)錯体の合成にも同様な方法が採用されている．この場合はコバルト(Ⅱ)塩から出発し，アンモニア共存下でコバルトを2価から3価に酸化することで目的物を得ている．クロム(Ⅱ)錯体，コバルト(Ⅱ)錯体はどちらも置換活性である．

置換活性，置換不活性は中心金属イオンの電子状態によって決まるが，それでも置換不活性錯体が2種類の配位子と結合している場合には，配位子によって反応性に多少の差がみられる．このことを利用すれば置換不活性錯体から他の錯体を合成することもできる．以下にペンタアンミンクロロコバルト(Ⅲ)塩化物 $[CoCl(NH_3)_5]Cl_2$ の配位子置換によって他の錯体を導いた例を示す．

$$[CoCl(NH_3)_5]^{2+} + OH^- \longrightarrow [Co(OH)(NH_3)_5]^{2+} + Cl^-$$

$$[Co(OH)(NH_3)_5]^{2+} + H_3O^+ \longrightarrow [Co(NH_3)_5(H_2O)]^{3+} + H_2O$$

$$[Co(NH_3)_5(H_2O)]^{3+} + NO_2^- \longrightarrow [Co(NO_2)(NH_3)_5]^{2+} + H_2O$$

配位子が OH^- から H_2O に変わる反応は，中心金属イオンと配位原子との間の結合を切る必要がないので，このような置換不活性錯体であっても迅速である．

演習問題

[1] アンモニウムイオンはイオン半径がカリウムイオンにほぼ等しい．ハロゲン化アンモニウムのうちで水に対する溶解度が大きい塩はどれか．ただし，溶解度は質量モル濃度で表すものとする．[表6.2を参考にせよ．]

[2] 硫酸ナトリウム十水和物と無水物の水に対する溶解度は下表の通りである．十水和物が無水物に転移する温度はおよそ何度か．ただし，溶解度は飽和溶液100 g中に含まれる無水物の質量/gで表されている．

温度/℃	0	10	20	25	30	40	50	60	80
溶解度	4.31	8.26	16.0	21.9	29.2	33.2	31.7	31.1	30.2

[3] 3価ランタノイドイオンの半径とその炭酸塩の溶解度積との関係を調べよ．[図6.4を参考にせよ．]

[4] 硫酸水素ナトリウム $NaHSO_4$ を水に溶解して 0.01 mol dm^{-3} 溶液を調製した．この溶液のpHはいくらか．

[5] 硫酸水素ナトリウムと酢酸ナトリウムの各 0.02 mol dm^{-3} 溶液を同体積ずつとって混合した．この混合溶液のpHを計算せよ．

[6] 弱酸性とした硫酸鉄(II)水溶液に空気を吹き込み，Fe^{2+} を Fe^{3+} に酸化すると溶液のpHが上昇する．その理由を考えよ．

[7] 硫酸で酸性とした硫酸マンガン(II)水溶液にオゾンを作用させると酸化マンガン(IV)が生成することを表6.7のデータから説明せよ．

[8] 次の不均化反応は起こるか．

$$2\,Sn^{2+} \longrightarrow Sn + Sn^{4+}$$

[9] 銀クロロ錯体 $AgCl^0$ と $AgCl_2^-$ の生成定数 β_1，β_2 はそれぞれ $10^{3.04}$，$10^{5.04}$ である．これらの錯体が等濃度で存在する溶液中の塩化物イオン濃度を求めよ．

[10] EDTAキレートに光学異性体は存在するか．

さらに勉強したい人たちのために

　さらに勉強したいというとき，それがどのような目的で行われるかを明確にしておくことが必要である．無機化学の範囲は広い．その中の特定の分野についての知識を得たいというのであればその分野の専門書を読まなければならないが，基礎無機化学を学習しただけの段階ではレベルの差が大きすぎて研究者向きの専門書は難解であろう．事情が許せば無機化学の各論を一通り学習し，その後で専門書に取り組むことを勧めたい．

　全般的なレベルアップを図りたいという読者に推薦したいのは英語で書かれた無機化学関係の入門書である．できれば 100 ページ程度の薄いものがよい．内容的にはすでに学習した項目が多く，英文であっても簡単に通読できるであろう．このような勉強は化学英語の習得にも有効である．このような入門書の例として Oxford University Press から刊行されている Oxford Chemistry Primers シリーズをあげておく．このシリーズには手ごろな本が何冊か含まれている．Oxford Chemistry Primers で検索すればすべてのタイトルを一覧することができる．その上で"無機化学"の中から適当と思われるタイトルを選べばよい．各論の記述を含む本には次のようなものがある．

　　N. C. Norman：Periodicity and the s- and p-Block Elements, Oxford Univ. Press (1997).

　　M. J. Winter：d-Block Chemistry, Oxford Univ. Press (1994).

和書で入門的に無機化学各論を扱った本としては，

　　荻野 博：典型元素の化合物（岩波講座　現代化学への入門 11），岩波書店 (2004).

　　木田茂夫：無機化学（改訂版），裳華房 (1993).

などがある．

次に特定の分野に関する基礎的な本をあげておく．ここでは入手しやすさを考慮して放射化学と錯体化学だけを紹介する．放射化学は本書の第1章，錯体化学は第5章に対応する．

（1）放射化学

　　富永 健・佐野博敏：放射化学概論［第2版］，東京大学出版会（1999）．
　　海老原 充：現代放射化学，化学同人（2005）．

（2）錯体化学

　　三吉克彦：金属錯体の構造と性質（岩波講座　現代化学への入門12），岩波書店（2001）．
　　基礎錯体工学研究会（編）：新版　錯体化学－基礎と最新の展開，講談社（2002）．
　　佐々木陽一・柘植清志：錯体化学（化学の指針シリーズ），裳華房（2009）．

　独習で化学の本を読むときに困ることは意味のわからない用語が出てくることである．このようなときに便利なのは，

　　日本化学会（編）：第2版　標準 化学用語辞典，丸善（2005）．

である．また化合物の名称に関しては，

　　中原勝儼・稲本直樹：化合物命名法，裳華房（2003）．

が解説書として手頃である．

　最後に無機化学各論に興味をもつための勉強法を紹介しておく．まず自分の知っている化合物をひとつ選ぶ．化合物としては塩化ナトリウム，硫酸カルシウムなどありふれたものがよい．次に選んだ化合物について化学の辞典類，教科書など手当たり次第に参照し，その化合物についての記述をメモしておく．物理的・化学的性質ばかりでなく，化合物に関する研究史，産出，用途などにも注意する．最後にこれを適当な長さの文章にまとめて完成である．このような作業を行う場所としては開架式になっている大学図書館が適当である．

　この勉強法を他の化合物にも拡張して行うことで無機化学が身近なものと感じられるようになるであろう．

問 題 解 答

第 1 章

[1] (a) 1.008 g, (b) 4.034 g

ヘリウム4の質量の実測値は 4.003 g である．原子核の質量は，それを構成する陽子と中性子の質量の和よりも小さい．この差を**質量欠損** (mass defect) といい，その差を核の中の陽子と中性子（陽子と中性子を**核子** (nucleon) と総称する）の合計個数で割った値が大きいほど，核の生成に伴って核子1個あたりから放出されたエネルギーが多いことになる．軽い核から重い核が生成する反応，すなわち，**核融合** (nuclear fusion) では大量のエネルギーが放出されるが，これは失われた質量がエネルギーに変換されるためである．

[2] 異常な存在比を示す同位体はキセノン 129 である．これが異常である理由としては，キセノンが偶数番元素であるにもかかわらず質量数が奇数であること，最も安定と考えられる同位体キセノン 132 からの質量数の差が大きいことをあげることができる．キセノン 129 はヨウ素 129 の β 崩壊（半減期 1.57×10^7 y）の生成物である．地球が誕生した当時はヨウ素 129 が存在していたが，現在ではこれは完全に崩壊してキセノン 129 になっている．

[3] 生成する核は 46 番元素パラジウム 119 である．パラジウムの安定同位体の質量数は 102, 104, 105, 106, 108, 110 である．生成する核は安定同位体と比較して大過剰の中性子を含んでいる．

[4] (b) の中の硫黄と酸素が元素である．

[5] 同位体 A＋B の原子数の時間的変化を図 A.1 に示した．A と B の原子数が等しくなるのは 4.43 min 後である．

[6] 45 億年前には現在の量の 11.5 倍のカリウム 40 が存在していた．従って，その存在比は 0.134 % である．

[7] β^- 崩壊を起こすと最初の核種よりも原子番号が1つ多い核種に変化する．

(a) ^{3}He, (b) ^{14}N, (c) ^{40}Ca これらの例で生成した核種はいずれも安定核種である．大気中のArの同位体組成をみると最も多いと予想される ^{36}Ar は 0.3365 % に過ぎず，^{40}Ar が 99.6 % を占めている．これは Ar のほとんどが ^{40}K の崩壊に由来することを示している．

[8] 85.4678

[9] 式 (1.2) と (1.3) から 4.8×10^9 y 後のルビジウム 87 の原子数 N と現在の原子数 N_0 との比 N/N_0 は 0.933 となる．従って，そのときルビジウム 85 とルビジウム 87 の存在比はそれぞれ 73.536 %，26.464 % となる．求める原子量は 85.4404 である．

[10] 約 10^{14} kg．これは推定埋蔵量の 1.8×10^6 倍に相当する．

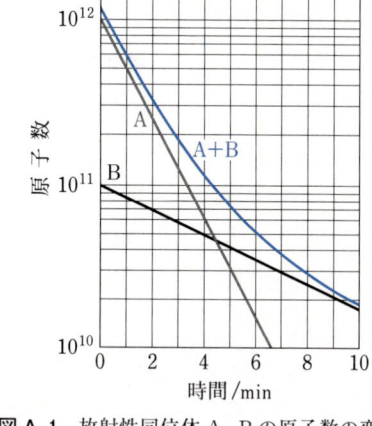

図 A.1 放射性同位体 A, B の原子数の変化

第 2 章

[1] 656 nm

[2] 2.1 eV，200 kJ mol^{-1}

[10] 原則的には密度が高い金属ほど融点も高い傾向がある．融点は金属結合半径に支配されると考えてよい．密度が高いということは最近接原子間の距離（金属結合半径の 2 倍）が小さいことを意味するが，密度は原子の質量（原子量）にも関係しているので，重い元素では高密度であっても金属結合半径はそれほど短くはならない．軽い元素ではその逆の関係が成り立つ．ウラン，ネプツニウム，プルトニウムは重いが融点は比較的低く，ベリリウムは軽いが融点は高い．

第 3 章

[3] (a) イオンをつくらない，(b) 陰イオン F$^-$，(c) 陽イオン Mg^{2+}，(d) 陽イオン Fe^{2+}，Fe^{3+}，(e) 陽イオン Ga$^+$，Ga^{3+}

[4] 原子間距離が Na–F < Na–Cl < Na–Br < Na–I であることから，格子エネルギーは NaF > NaCl > NaBr > NaI となる．

[5] 塩化カリウムについて図 3.5 の立方体の質量と体積を計算する．立方体に含まれるカリウムイオンと塩化物イオンはそれぞれ 4 個である（立方体の頂点のイオンは 1/8 個，稜上のイオンは 1/4 個，面上のイオンは 1/2 個として計算する）．立方体の質量は，$4 \times (39.10 + 35.45) \times 1.661 \times 10^{-27} = 495.3 \times 10^{-27}$ kg $= 495.3 \times 10^{-24}$ g となる．求める原子間距離を x (cm) とすれば立方体の体積は $8x^3$ となる．495.3×10^{-24} g$/8x^3 = 1.98$ cm^{-3} を解いて $x = 315$ pm を得る．

[6] 3.06 g cm^{-3}

この例では陽イオン，陰イオンとも配位数が 8 から 6 に減少している．それに伴ってイオン半径も小さくなるので，密度はこの計算結果ほどには減少しない．

[7] Na + Cl を Na$^+$ + Cl$^-$ とするのに必要なエネルギーを計算する．

$\qquad$ Na + 5.138 eV = Na$^+$ + e$^-$

$\qquad$ Cl + e$^-$ = Cl$^-$ + 3.615 eV

従って，Na + Cl を Na$^+$ + Cl$^-$ とするのには 1.523 eV のエネルギーを供給しなければならない．イオンに解離するよりも原子に解離する方がエネルギーは少なくて済む．

[8] 図 A.2 を参照せよ．2 種の構造，たとえば，セン亜鉛鉱型と塩化ナトリウム型の両方の構造が可能であるときは配位数の大きい構造が安定である．

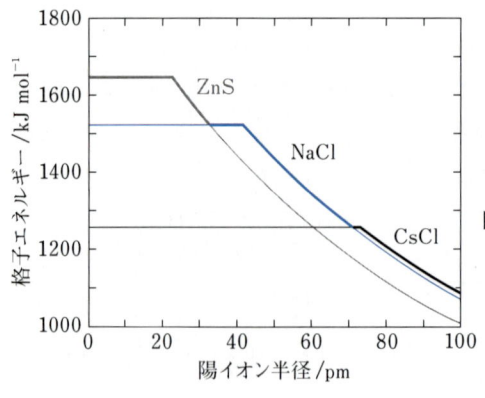

図 A.2 陰イオンの半径が一定（100 pm）のとき，陽イオンの半径によって化合物 A$^+$B$^-$ の格子エネルギーはどのように変化するか．太線部分が最も安定的な構造を示す．

[9] 原子間距離は＜116 pm となる．この値は塩化物イオンの半径よりも小さい．従って，塩化ネオンは生成しない．このことはネオンが化合物をつくらないことを説明する例としてよく知られている．

[10] (a) 7.18, (b) 2.6, (c) 非イオン性（共有結合性）

第 4 章

[2] OF_2．二フッ化酸素（化学式では電気的に陽性な元素を先に書く．名称は陰性な元素の"――化物"となる．塩素と酸素の化合物の場合は酸素の方が陰性であるから一酸化二塩素 Cl_2O となる）．

[3] 電子配置は次の通りである．色を付けた部分の電子を共有することによって三重結合が生成する．

$$N \quad (1s)^2(2s)^2\ (2p_x)^1(2p_y)^1(2p_z)^1$$
$$O^+ \quad (1s)^2(2s)^2\ (2p_x)^1(2p_y)^1(2p_z)^1$$

[4] 二重結合の構造と三重結合の構造を考えればよい．

$$C=O \longleftrightarrow C^-\equiv O^+$$

これらの他に単結合 C^+-O^- の構造も考えられるが，その寄与は小さい．

[5] H_2O^+．測定された結合角は H_2O^+ が 110°，H_2O が 104.5° である．これは酸素原子上に残された非結合電子の個数（4個から3個に減少）から判断できる．

[6] 化合物は底面が水素原子3個から構成される三角錐で，その頂点にハロゲン原子が位置する．頂点を占める原子がフッ素，塩素，臭素，ヨウ素と変化するにつれて三角錐は縦長となる．それとともに∠HSiH はわずかではあるが増大する．これはハロゲン原子の電子と Si-X 結合に含まれる電子対が Si-H 中の電子対に及ぼす反発が Si-X 結合の距離とともに減少するためと理解される．

[8] 240 nm
問題の反応 $O_2 + h\nu \rightarrow O + O$ は高層大気中で起こり，生成した酸素原子が酸素分子と結合することでオゾンを生成する．

第 5 章

[1] (a) $[Co(NH_3)_6]Cl_3$
(b) $[Co(H_2O)_2(NH_3)_4]Cl_3$

(c) [CoCl$_2$(NH$_3$)$_4$]Cl・H$_2$O

(d) Na$_3$[Co(NO$_2$)$_6$]

(e) K$_3$[Fe(CN)$_6$]

[2] (a) ヘキサアクアクロム(III)塩化物

(b) ヘキサシアノクロム(III)酸カリウム

(c) ヘキサカルボニルクロム(0)

(d) ヘキサアンミン白金(IV)塩化物一水和物

(e) ペンタアンミンクロロ白金(IV)塩化物一水和物

[3] [CrCl$_2$(H$_2$O)$_4$]Cl・2H$_2$O. この錯体は置換不活性である. クロム(III)イオンに配位している塩化物イオンは硝酸銀と反応しない. またこの化合物は次の2化合物 [Cr(H$_2$O)$_6$]Cl$_3$, [CrCl(H$_2$O)$_5$]Cl$_2$・H$_2$O の異性体である. このような異性を**水和異性** (hydration isomerism) という.

[5] [Co(CN)$_6$]$^{4-}$ は低スピン錯体であって t_{2g} 軌道に6個, e_g 軌道に1個の電子をもっている. e_g 軌道にあるただ1個の電子を放出すると, 残った6個のd電子の空間分布は完全な球対称となる. この構造が Co−C 結合を安定化するために, [Co(CN)$_6$]$^{4-}$ は電子を他の物質に与えようとする傾向が顕著である. すなわち, 強い還元剤として作用する. 同時にそれ自体は酸化されて [Co(CN)$_6$]$^{3-}$ を生成する.

[6] 中心金属イオンの酸化数を決定し, 表5.2の電子配置の中から当てはまるものを選べ.

第 6 章

[1] フッ化物. 溶解度(質量モル濃度)は次の通りである：NH$_4$F 22.9, NH$_4$Cl 7.34, NH$_4$Br 7.99, NH$_4$I 12.70

[2] 実測値は 32.4 ℃

[4] [H$_3$O$^+$] = 6.2×10^{-3} mol dm^{-3}, pH = 2.21

(解) [H$_3$O$^+$][SO$_4^{2-}$]/[HSO$_4^-$] = $10^{-1.99}$

[H$_3$O$^+$] = [SO$_4^{2-}$] = x とすれば, [HSO$_4^-$] = $0.01 - x$ となる. これを上式に代入して x を解く.

[5] $[H_3O^+] = 4.2 \times 10^{-4}$ mol dm^{-3}, pH $= 3.28$

(解) 次の平衡に着目する：
$$HSO_4^- + CH_3COO^- \rightleftarrows SO_4^{2-} + CH_3COOH$$
この反応の平衡定数が $K_a(HSO_4^-)/K_a(CH_3COOH) = 10^{2.77}$ であることに注意し，ここに $[HSO_4^-] = [CH_3COO^-] = 0.01 - x$, $[SO_4^{2-}] = [CH_3COOH] = x$ を代入して x を解けばよい．

[6] O_2 は Fe^{2+} を酸化することができる．そのときの反応は次式で示される．
$$4\,Fe^{2+} + 4\,H^+ + O_2 \rightleftarrows 4\,Fe^{3+} + 2\,H_2O$$
この反応によって水中の H^+ が消費される結果，pH が上昇する．この反応が2つの電極反応に分けられることを確かめよ．

[7] 表6.7にある次の2つの電極反応とその標準電極電位を用いて説明せよ．
$$O_3 + 2\,H^+ + 2\,e^- \rightleftarrows O_2 + H_2O$$
$$MnO_2 + 4\,H^+ + 2\,e^- \rightleftarrows Mn^{2+} + 2\,H_2O$$

[8] 起こらない．その逆反応は進行する．Sn^{2+} 溶液を保存するときに金属スズを加えておくのは，空気酸化で生じた Sn^{4+} を再び Sn^{2+} に還元するためである．

[9] $[Cl^-] = 10^{-2}$ mol dm^{-3}

[10] 存在する．ただし，光学分割されるためには置換不活性であることが必要である．分割された例にコバルト(III)錯体がある．

索　引

ア

アービング-ウィリアムズの系列	138
アクア	89
アクア錯体	89
アクチニド	33
アクチノイド	33
α 粒子	8
安定同位体	3
安定度定数	138
アンミン	84

イ

EDTA 錯体	140
イオン化	42, 47
イオン化エネルギー	43
イオン化ポテンシャル	43
イオン結合	52
イオン結晶	52
イオン半径	52
異核二原子分子	64, 75
異常酸化数	52
一酸化窒素	75
陰イオン	2, 42
陰電子	7

エ

エチレンジアミン錯体	139
エチレンジアミンテトラアセタト錯体	141
エチレンジアミン四酢酸	140
エネルギー準位	23, 71
塩化コバルト(Ⅱ)六水和物	89, 90
塩化セシウム型構造	55
塩化ナトリウム型構造	56
塩化ニトロシル	74
塩基	116

オ

オキソ酸	123
オキソニウムイオン	82
オゾン	82
オッドー-ハーキンズの法則	10

カ

核外電子	16
核間距離	66
核子	148
核種	3
核分裂	8
核融合	148
過酸化水素	130
硬い塩基	125
硬い酸	124
カドミウムアンミン錯体	138
過マンガン酸イオン	98

キ

カルボニル	84
還元	126
還元剤	128
含水塩	89
幾何異性	90, 103
希ガス	7, 30
基底状態	18
逆供与	100
鏡像異性	104
共鳴	83
共役塩基	117
共役酸	117
共有結合	65
局在化	83
キレート	88
キレート効果	140
金属	
——の硬さ	36
——の密度	41
——の融点	37
金属結合	36
金属結合半径	36
金属元素	34

ク

クロム酸イオン	98
クロム酸カルシウム	111

ケ

結合解離エネルギー	66

索引

結合角		77
結合距離		66
結合軸		65
結合次数		71
結合性軌道		70
結晶水		89
結晶場安定化エネルギー		95
結晶場理論		92
原子		1
——の電子配置		28
原子核		1
原子間距離		36, 66
原子軌道		22
原子質量単位		9
原子番号		2
原子量		9
元素		2
——の存在度		10

コ

光学異性	104
光学活性	105
光子	19
格子エネルギー	57, 109
高スピン錯体	95
構成原理	28
光電子放射	19
氷	76
孤立電子対	80
混成	77
混成軌道	77

サ

最密充填構造	36
錯イオン	88
錯塩	88

錯体	83
酸	116
酸化	126
酸解離定数	119
酸化還元対	128
酸化剤	128
三重結合	66

シ

次亜塩素酸ナトリウム	136
シアノ錯体	100
ジアンミン銀(I)イオン	84
ジアンミンジクロロ白金(II)	104
磁化率	97
磁気量子数	22
σ 結合	65
自己プロトリシス	118
シス (cis)	90
質量欠損	148
質量数	3
質量モル濃度	110
周期表	33
周期律	33
ジュウテリウム	3
縮退	23
主量子数	22
昇位	77
常磁性	28
侵入型合金	40

ス

水素結合	75
水素の発光スペクトル	15

水和	108
水和異性	152
水和エネルギー	108
水和エンタルピー	108
水和熱	108
水和物	89
スピン量子数	28

セ

生成定数	136
全——	137
逐次——	137
セン亜鉛鉱型構造	56
遷移元素	33
全生成定数	137
銑鉄	40

ソ

存在度	10
太陽系——	10
地殻——	11

タ

対角関係	47
体心立方構造	36
太陽系存在度	10
単結合	66
単座配位子	87
単体	2

チ

地殻存在度	11
置換活性	144
置換不活性	144
逐次生成定数	137
中性子	1
中和	116

テ

超酸化物イオン	73
d軌道の分裂	92
d-d遷移	97
低スピン錯体	95
テトラアンミン銅(Ⅱ)イオン	88, 102
テトラアンミン銅(Ⅱ)硫酸塩	141
テトラカルボニルニッケル	84
テトラクロロ鉄(Ⅲ)酸イオン	88
テトラヒドロホウ酸イオン	79
テトラフルオロホウ酸イオン	88
電荷移動吸収	99
電気陰性度	59
電気素量	1
電極反応	129
典型元素	33
電子	1
電子回折	18
電子親和力	47
電子対	66
電子対供与体	119
電子対受容体	118
電子配置	28
原子の——	28
単原子イオンの——	49

ト

同位体	3
同位体存在比	5
等核二原子分子	64, 71
動径分布関数	23
同素体	2
トランス (trans)	90
トリスエチレンジアミンコバルト(Ⅲ)塩化物	104
トリチウム	3

ナ

内部遷移元素	33

ニ

二座配位子	87
二酸素イオン	72
二重結合	66
二水素イオン	67
ニトロシルイオン	74

ネ

年代測定	6

ハ

配位結合	81
配位子	83
配位子置換	95, 137
配位子場理論	98
配位水	89
配位数	52, 87
π結合	65
排他原理	28
パウリの原理	28
八面体錯体	92, 98, 100
波動関数	21
波動方程式	20
ハロゲン化アルカリ	
——の結晶構造	55
——の溶解度	111
ハロゲン化クロム(Ⅱ)	101
半金属	36
反結合性軌道	70
半減期	6
反磁性	28

ヒ

非共有電子対	80
非局在化	83
非金属元素	35
標準水素電極	129
標準電極電位	130

フ

ファク (fac)	103
不活性ガス	7
不活性電子対	51
不均化	134
副殻	30
フッ化カリウム	111
フッ化水素	75
ブレンステッド塩基	117
ブレンステッド酸	117
プロチウム	3
プロトン供与体	117
プロトン受容体	117
分極	125
分光化学系列	94
分子	64
分子イオン	42
分子軌道	68
分子軌道法	68
フントの規則	29
分裂	
d軌道の——	92

索 引

ヘ

閉殻	30
ヘキサアンミンコバルト(Ⅲ)錯体	141
ヘキサシアノ鉄(Ⅱ)酸カリウム	96
ヘキサフルオロ鉄(Ⅲ)酸イオン	96

ホ

方位量子数	22
崩壊	5
崩壊定数	5
放射性同位体	5
放射性崩壊	5
放射崩壊系列	6
ボーアの原子モデル	16
ボルン-ハーバーサイクル	57

マ

マーデルング定数	58
マンガン酸カリウム	134

ミ

水のイオン積	118

メ

メタロイド	36
メル (mer)	103

モ

モル吸光係数	98
モル濃度	113

ヤ

ヤーン-テラーひずみ	101, 139
軟らかい塩基	125
軟らかい酸	124

ヨ

陽イオン	2, 42
溶解エンタルピー	109
溶解度	110
アルカリ金属オキソ酸塩の――	112
ハロゲン化アルカリの――	111
溶解度積	113
溶解熱	109
陽子	1
陽電子	6

ラ

ラセミ混合物	105
ランタニド	33
ランタノイド	11, 33
ランタノイド収縮	54

リ

立方最密充塡構造	36
量子数	22

ル

ルイス塩基	119
ルイス酸	119
ルテオ塩	141

レ

励起状態	18

ロ

六方最密充塡構造	36

著者略歴

一 國 雅 巳（いちくに まさみ）

- 1930年　東京に生まれる
- 1953年　東京大学理学部化学科卒業
- 1961年　東京都立大学助教授
- 1970年　東北大学教授
- 1977年　東京工業大学教授
- 1991年　東京工業大学定年退官
- 　　　　東京工業大学名誉教授
- 1992年　埼玉大学教授
- 1996年　埼玉大学定年退官

基礎無機化学（改訂版）

1996年10月20日	第 1 版 発行
2007年 9月20日	第 11 版 発行
2008年11月25日	［改訂］第 1 版 1 刷発行
2019年 3月 5日	［改訂］第 3 版 1 刷発行
2024年 8月30日	［改訂］第 3 版 5 刷発行

検印省略

定価はカバーに表示してあります。

著作者　　一 國 雅 巳
発行者　　吉 野 和 浩
発行所　　東京都千代田区四番町 8-1
　　　　　電話 03-3262-9166（代）
　　　　　郵便番号 102-0081
　　　　　株式会社　裳 華 房
印刷製本　株式会社　真 興 社

JCOPY 〈出版者著作権管理機構 委託出版物〉
本書の無断複製は著作権法上での例外を除き禁じられています。複製される場合は、そのつど事前に、出版者著作権管理機構（電話 03-5244-5088、FAX 03-5244-5089、e-mail: info@jcopy.or.jp）の許諾を得てください。

一般社団法人
自然科学書協会会員

ISBN 978-4-7853-3077-4

© 一國雅巳, 2008　Printed in Japan